结构与运转参数对柴油机性能的影响研究

秦朝举　著

·北京·

内 容 提 要

本书系统地研究了结构参数、运转参数对柴油机燃烧及排放的影响。主要内容包括：柴油机多维数值模拟计算模型，柴油机燃烧模拟模型的建立及其验证，燃烧室形状、喷孔夹角、喷射位置、喷油提前角、EGR、喷油规律、预喷射、后喷射、进气温度对柴油机性能的影响等。

本书可供高等院校汽车和内燃机或相关动力装置专业的本科生或研究生使用，也可供相关专业的高校教师、工程技术人员和科技工作者参考。

图书在版编目（CIP）数据

结构与运转参数对柴油机性能的影响研究 / 秦朝举著. -- 北京 : 中国水利水电出版社, 2018.12（2024.8重印）
ISBN 978-7-5170-7227-0

Ⅰ. ①结… Ⅱ. ①秦… Ⅲ. ①柴油机－燃烧过程－研究 Ⅳ. ①TK421

中国版本图书馆CIP数据核字(2018)第273813号

策划编辑：石永峰　责任编辑：陈　洁　加工编辑：王开云　封面设计：李　佳

书　　名	结构与运转参数对柴油机性能的影响研究 JIEGOU YU YUNZHUAN CANSHU DUI CHAIYOUJI XINGNENG DE YINGXIANG YANJIU
作　　者	秦朝举　著
出版发行	中国水利水电出版社 （北京市海淀区玉渊潭南路 1 号 D 座　100038） 网址：www.waterpub.com.cn E-mail：mchannel@263.net（万水） sales@waterpub.com.cn 电话：（010）68367658（营销中心）、82562819（万水）
经　　售	全国各地新华书店和相关出版物销售网点
排　　版	北京万水电子信息有限公司
印　　刷	三河市元兴印务有限公司
规　　格	170mm×240mm　16 开本　11.25 印张　202 千字
版　　次	2019 年 1 月第 1 版　2024 年 8 月第 4 次印刷
定　　价	45.00 元

前　言

柴油机在热效率、适应性、可靠性和便利性等方面更加具有优势，被广泛应用于交通、工程机械、矿山机械、农用机械、船舶动力和军用动力设备等领域。近些年，柴油机在车用动力方面应用越来越广泛，全球车用动力“柴油化”趋势日渐明显。增压系统、电控喷射系统和共轨技术等新技术的采用提高了柴油机的动力性、热效率，降低了污染物排放，但 NO 和微粒排放依然较高，工作噪声较大。随着人们生活水平和科学技术的发展，各国对环境问题日益重视，并制定了严格的排放法规，使柴油机的研究不断发展，逐渐克服和改善了部分不足之处。

优化柴油机的结构参数（例如：燃烧室形状、喷孔夹角、喷射位置等方面）和运行参数（例如：喷油提前角、喷油规律、预喷射、后喷射、EGR、进气温度等方面）能够改善柴油机的燃烧排放和整机性能。通过结构参数和运行参数的合理确定，可以改善柴油机的燃烧过程和整机性能。为了深入分析结构参数和运行参数对柴油机工作过程的影响，本书利用 AVL-FIRE 软件对结构参数和运行参数下缸内混合气体的形成及燃烧过程进行三维数值模拟，并对计算结果进行分析。对比分析不同结构参数或运行参数下柴油机整个混合物形成和燃烧的过程，在此基础上优化柴油机的结构参数和运行参数。

作者在编写过程中，广泛研究、参考了国内外同行们公开发表的文献资料，在此向他们致以深切的谢意。

本书的出版得到河南省高校科技创新团队支持计划（19IRTSTHN011）和河南省科技攻关项目（172102210052）的资助，在此表示感谢。

由于本书涉及知识面较广，作者水平有限，书中疏漏之处在所难免，敬请读者批评指正。

作者

2018 年 8 月

目　　录

第 1 章　绪论

1.1　柴油机发展所面临的问题

柴油机是一种重要的动力装置。柴油机与汽油机相比，存在显著的优点：有更好的经济性，汽油机的热效率一般为 20%～30%，而柴油机的热效率一般为 30%～40%，最高可达 50%，燃油消耗率比汽油机少 20%左右，是当今动力机械中热效率最高的一种；同时，柴油比汽油廉价易得；排放的有害污染物总体上比汽油机低，即使不采用机外后处理措施，先进的柴油机有害的排放量也可以达到带有三元催化剂反应器并采用闭环控制系统汽油机的排放标准；有更高的可靠性，不易出现问题且便于维护；有更好的动力性，能够输出更大的功率。柴油机由于其在热效率、适应性、可靠性和便利性等方面的优点，已被广泛应用于交通、工程机械、矿山机械、农用机械、船舶动力和军用动力设备等领域，尤其在车用动力方面应用越来越广泛，全球车用动力“柴油化”趋势日渐明显。柴油机与人们日常的生产生活联系紧密，对人类社会的发展起着重要的作用。世界经济高速发展，柴油机保有数量不断增加；这给人们带来便利的同时，也带来了许多严峻的问题，其中以能源问题和环境污染问题最为突出。

1.1.1　能源问题

柴油机的主要燃料来源于石油，因此，石油是柴油机赖以存在和发展的基础。经过地球千百万年深度积累形成的石油资源是一种非再生能源，其储量非常有限。近年来，全世界石油需求持续增长，几乎每隔 10 年就翻一番。这必然加剧世界能源的短缺与供应紧张。1973 年中东石油主产国对一些发达国家采取石油禁运措施，使这些被禁运的国家出现了所谓的“能源危机”，同时也对一些石油资源缺乏、石油依赖进口的国家造成了很大的冲击。近年，全球的石油供应形势不仅没有缓解，而且愈加紧张。15 年内油价从每桶 10 美元蹿升至 140 美元，仅在 2008 年的短短 6 个月间，石油的期货价格便从 1 月份的 100 美元飙升至 7 月份的 140 美元。近两年，虽然国际石油价格有所松动，但基本上还是维持在 80 美元上下。这在某种程度上是人们深感石油资源的不足，以及对未来石油资源的担忧所致。目前全球剩余原油探明储量 13000 亿桶，而全球石油需求平均每年上升 1%，2017 年的消耗量为 9700 万桶/日，到 2030 年将增加到 1.05 亿桶/日。按照这样的消耗率，地球上的石油资源在几十年内可能消耗殆尽，全球范围内的能源危机日益突出。我国的石油储量也不算十分丰富，人均剩余可采储量只有世界石油平均水平的 1/10，目前中国已经从 20 世纪 90 年代的石油出口国转变为石油进口大国，据统计，2017 年中国进口 3.96 亿吨原油，比 2016 年增长 10.8%，超过美国成为全球最大的原油进口国；2017 年，我国石油消费量达 5.9 亿吨，增速为 2011 年以来最高，成为仅次于美国的石油消费国。当年，国内原油产量 1.92 亿吨，石油对外依赖度达到 67.4%。到 2018 年，中国石油消费量预计要突破 6 亿吨，达到 6.15 亿吨，石油对外依存度将逼近 70%，石油供应安全面临严峻挑战。随着汽车总量的增加，内燃机石油消耗量还将迅速增加，石油供需矛盾必将日趋严重，进一步提高包括柴油机在内的各种内燃机的经济性显得十分重要。我国石油对外依存度如图 1.1 所示。

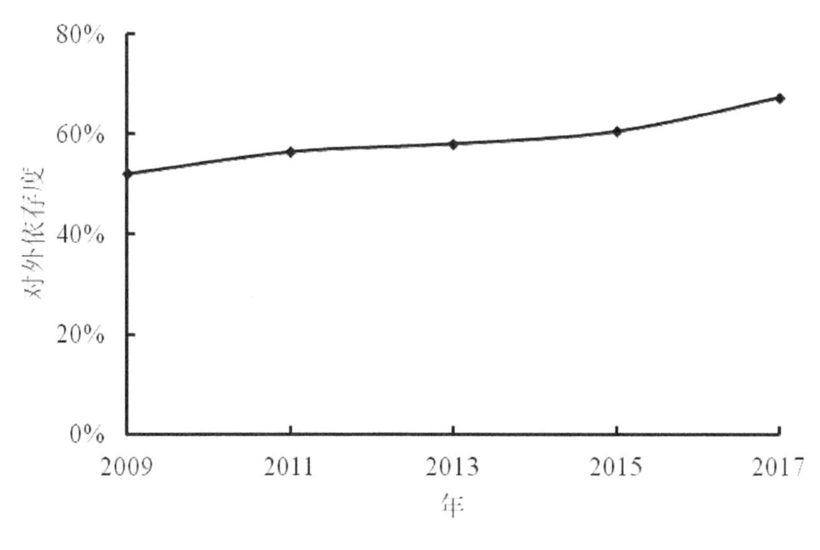

图 1.1　我国石油对外依存度

1.1.2　环境问题

近年来全球汽车保有量迅速增加，据统计：全世界 1970 年汽车保有量约为 2.4 亿辆，1983 年达 4.7 亿辆左右，1996 年上升到 6.7 亿辆，2015 年保有量已超过 12 亿辆，其中约有 80%分布在工业发达国家。2015 年，中国的汽车产量是 2450 万辆左右，美国的汽车产量是 1210 万辆左右，日本的汽车产量达 927 万辆左右。根据 2017 年世界汽车组织与汽车工业协会的统计，2017 年全世界汽车保有量已突破 12.9 亿大关，平均每千人拥有汽车约 172 辆。其中美国汽车保有量最多，超过 2.75 亿辆；其次为中国，汽车保有量为 2.17 亿辆。根据美国人口局统计截止到 2017 年 3 月 26 日，美国人口数量为 3 亿 2 千万（324430000），因此，美国是世界上每千人拥有汽车最多的国家，达到千人拥有汽车约 848 辆。机动车持续快速增长，由此引起的汽车尾气污染也日趋严重。机动车排气污染已成为影响城市空气质量的主要因素之一，机动车尾气排放已成为 PM2.5 的主要来源。有资料显示，现代城市大气污染主要来源于汽车尾气。在美国城区，43%的非甲烷有机物，57%的 NO 和 28%的 CO 都是由汽车废气排放产生的，而全世界至少 20%的 CO 排放量来源于汽车废气。法国环境健康安全理事会 2006 年的一份报告称，城市大气污染的一半以上源自汽车尾气排放，在法国，每年有 9000 多人被汽车尾气等造成的污染夺取生命，我国不仅汽车研究和发展技术水平与发达国家相比存在较大差距，而且排气污染控制技术落后较多，汽车排污情况严重。有资料表明，我国各大中型城市汽车尾气排放物造成空气污染也占到 50%左右，2005 年我国机动车尾气排放在大城市大气污染中的分担率已达到 70%以上。世界银行估计，因空气污染导致的医疗成本增加以及工人生病丧失生产力使得中国 GDP 被抵消 5%。有关研究表明，汽车尾气成分复杂，有一百种以上，其主要污染物包括：不完全燃烧产生的碳氢化合物（HC）和一氧化碳（CO）、有害的氮氧化合物（NO_x）和二氧化硫（SO_2）、微小颗粒物等。这些污染物对人体的危害简述如下：

（1）一氧化碳 CO。CO 是一种无色无味的气体，它和血液中输氧的载体血红蛋白的亲和力是氧的 200～250 倍。CO 与血红蛋白结合生成羰基血红蛋白，相对减少氧血红蛋白，相应损害血红蛋白对人体组织的供氧能力。空气中 CO 的体积分数超过 0.1%时，就会导致头痛、心慌等中毒病状；超过 0.3%时，则可在 30min 内使人死亡。

（2）碳氢化合物 HC。HC 包括碳氢燃料及其不完全燃烧产物、润滑油及其裂解和部分氧化产物，如烷烃、烯烃、芳香烃、醛、酮、酸等数百种成分。烷烃基本上无味，它在空气中可能存在的含量对人体健康不产生直接影响。烯烃略带甜味，有麻醉作用，对粘膜有刺激，经代谢转化会变成对基因有毒的环氧衍生物。烯烃有很强的光化活性，是与 NO_x 一起在日光紫外线作用下形成有很强毒性的“光化学烟雾”的罪魁祸首之一。芳香烃有芳香味，却有危险的毒性，对血液、肝脏和神经系统有害。多环芳烃（PAH）及其衍生物有致癌作用。醛类是刺激性物质，对眼粘膜、呼吸道和血液有毒害。

（3）氮氧化物 NO_x。NO 是无色气体，本身毒性不大，但在大气中缓慢氧化成 NO_2。NO_2 是褐色气体，具有强烈的刺激味，被吸入人体后与水分结合成硝酸，引起咳嗽、气喘，甚至肺气肿和心肌损伤。NO_x是在地面附近形成含有毒臭氧的光化学烟雾的主要因素之一。

（4）PM（微粒）。柴油机排放的 PM，主要成分是碳，其粒度一般小于0.3μm，可长期悬浮在大气中而不沉降，会深入肺深部造成机械性超负荷，损伤肺内各种通道的自净机制，促进其他污染物的毒害作用。炭粒上还吸附有硫酸盐及多种有机物质，其中包含 PAH，具有不同程度的诱变和致癌作用。燃用含铅汽油的汽油机排放含铅微粒，对血液、骨骼和神经有毒害，对儿童影响尤其严重。

内燃机污染物的排放涉及公众的身体健康和环境保护等长远利益，但往往与内燃机本身的动力性、经济性以及制造商的生产成本等短期目标和局部利益有一定矛盾。因此，内燃机的排放控制工作始终是在各国政府和国际组织制定的一系列排放法规的指导和管制下开展的。

20 世纪 50 年代后各国经济迅速发展，汽车产量和保有量迅猛攀升，车用内燃机排放物的危害逐渐被发现和确认。美国、日本和欧洲主要国家等工业化国家从 20 世纪 60 年代开始先后颁布了各种各样的排放法规。先是限制内燃机的 CO 和 HC 排放，后来扩大到 NO_x；先管制量大面广的车用汽油机，后覆盖车用柴油机，再包括其他内燃机；先控制气体排放物，后把烟度和 PM 排放也包括进来；先是管制汽油机的怠速排放和柴油机的自由加速烟度；后扩大到实际使用工况下的排放。同时逐步规定和完善法定的排放测试方法，并随着技术的进步，不断严格排放限值。

目前，随着经济全球化的进展，各国排放法规中对内燃机排放测试装置、取样方法、分析仪器大都取得了一致，但测试规范（测试时车辆的行驶工况或内燃机的运转工况的组合方案）和排放限值仍有很大差异。

同发达国家相比，我国机动车排放法规实施起步较晚，我国从 20 世纪 80 年代开始着手汽车和内燃机的排放控制工作，先后颁布了有关车用汽油机怠速污染物、车用柴油机全负荷烟度和自由加速烟度、轻型汽车排气污染物、车用汽油机排气污染物、汽车曲轴箱污染物、汽油车燃油蒸发污染物、车用压燃式发动机排气污染物、压燃式发动机排气可见污染物等一系列法规，规定并不断修订排放限值及测试方法，从无到有逐步建立起我国的汽车及车用内燃机的排放控制体系。到20世纪末，我国开始逐步参照直至等效采用欧盟（EU）的排放法规，只是根据我国经济和社会发展的现状，适当规定滞后的实施日期，使排放控制工作走上正规。欧洲法规在道理交通情况、标准的适度性等方面相对较适合于我国的实际情况。在充分吸收欧美的经验后，我国确定以欧洲的汽车法规为蓝本，全面等效地采用了欧盟指令、ECE 技术内容和部分欧共体法规的基础上，形成了中国排放法规体系。我国现阶段全国范围实施的标准相当于欧Ⅲ的排放控制水平，北京实施的排放标准当于欧Ⅳ的排放控制水平，其中对气态和微粒污染物排放限值有严格规定。我国不同阶段实施的柴油机排放限值见表1.1。

表 1.1 中国车用柴油机排放限值

实施阶段	CO /g/(kW·h)	HC /g/(kW·h)	NO_x /g/(kW·h)	PM /g/(kW·h)	烟度	执行时间
Ⅰ	4.5	1.1	8.0	0.36		2000.9
Ⅱ	4,0	1,1	7.0	0.15		2003.9
Ⅲ	2.1	0.66	5.0	0.10	0.8	2007.1
Ⅳ	1.5	0.46	3.5	0.02	0.5	2010.1

综上所述，能源和环境是人类社会生存发展的物质基础，两者的协调发展是实现社会可持续发展的重要保证。因此，节能与环保已成为当今全球汽车行业无法回避的严峻挑战。作为汽车行业起步较晚而又处于迅猛发展时期的中国来说，情况亦是不容乐观。随着我国经济的迅速发展和汽车保有量的高速增长，城市机动车有害排放已成为我国城市大气环境的主要污染源，因此在柴油机上实现高效、低污染的燃烧，已成为能源与环境研究中的一个重大课题。

为了满足日益严格的排放要求，各种提高柴油机性能和降低排放的技术措施被提出并应用于柴油机的生产与使用。现在，发达国家已经实现了低排放，并逐步向零排放目标迈进。主要的排放技术措施归纳起来主要有：机内净化措施和后处理措施。其中机内净化措施的关键是进一步合理的控制柴油机燃烧室内的燃烧过程，因此需要进一步的合理组织柴油机中的进气过程、燃油供给过程和混合气形成及燃烧过程，为此需要优化柴油机的结构参数（例如：燃烧室形状、喷孔夹角、喷射位置等方面）和运行参数（例如：喷油提前角、喷油规律、预喷射、后喷射、EGR 等方面），通过结构参数和运行参数的合理确定，来改善柴油机的燃烧过程和整机性能。

1.2 柴油机工作过程数值模拟的研究现状

计算机数值模拟于 20 世纪 40 年代首先应用于航空航天，并很快向其他领域、学科扩展，目前已经普遍应用于科学研究、生产组织、工程设计、经济调控及社会发展等各个方面。随着计算机的广泛应用，数值模拟逐渐发展起来。由于计算机软件、硬件技术的快速发展，为数值模拟技术的发展提供了保障，也促进了计算机模拟技术的进步。数值是计算机应用技术的重要方面，在现代工程设计中起着越来越重要的作用。数值模拟的优点：缩短研究实验时间，不受时空限制，节省研究费用；能够模拟真实条件，对实验结果进行理论分析；能够模拟现实中难以实现的理想条件，进行模拟实验；可以解决传统方法难以解决的问题；能够避免现实实验中对实验人员身体的伤害；对实验条件要求较低，能够在更大范围内推广应用。

柴油机的燃烧过程十分复杂。长期以来，实验是研究燃烧的主要手段，但限于实验条件、测试技术水平以及实验仪器的精度，这种实验研究也有很大的局限性，且费用昂贵。从 20 世纪 60 年代以来，随着计算技术的飞速发展及计算流体力学、计算传热学、化学动力学等基础理论研究的深入，柴油机进气流动、喷雾和燃烧的数值模拟逐渐形成了一个独立的发展分支。它以实验和基本理论的研究成果为基础，通过计算机把实验研究、理论分析和科学计算有机地融为一体。它具有调整参数方便、运行速度快、成本低等优点，可以在众多的影响因素中找出关键的控制变量，优化实验与设计方案，降低产品的研制周期及费用。柴油机工作过程的数值模拟已成为柴油机研究和设计中的一种有效手段。

柴油机工作过程模拟，是流体力学、热力学、化学反应学和数值模拟计算等方面知识的综合应用，主要是描述柴油机工作过程中缸内混合气流动、热传递等流体力学与热力学现象的一系列物理和化学的数学微分方程组。主要是从柴油机工作过程中的物理化学现象出发，使用微分方程组对过程进行数学描述，然后求解方程组，得到各参数的变化规律，主要是随时间和空间的变化，再进一步可以了解到相关参数对柴油机性能和排放的影响。柴油机燃烧室内的物理化学变化过程非常复杂：主要包括有流体力学和化学动力学变化过程。另一方面，柴油机燃烧室几何形状是非常复杂的，因此不能完全确定各点的稳定的边界条件，主要的方法是利用多样的物理化学模型简化方程。由于柴油机工作过程存在这些特点，柴油机工作过程数值模拟经历了三个发展阶段：零维燃烧模型、准维燃烧模型和多维燃烧模型。

零维模型通过对柴油机工作过程大量实验数据的统计分析的方法，找到柴油机工作过程中各种特征参数间的关系，建立经验关系式，简化复杂的燃烧过程一些特征量间的方程关系式，使工作过程直接明了地表现出来，方便利用普通数学方法求解。这些模型大部分是在柴油机工作过程模拟研究早期发展起来的，它们的共同特点是假设燃烧过程中燃烧室内的参数均匀：假定气缸内工质均匀分布，燃烧室内压力、温度、浓度等参数在空间上是不变的，只随曲轴转角（时间）变化，可据此计算出燃烧放热规律和简便直观地评价和诊断燃烧过程中能量转换的效率，称为零维模型。简而言之是把某一瞬态时刻燃烧室内的各项物理量分布均匀，不考虑燃烧过程中复杂的物理化学反应变化过程，只把其当作按一定规律向系统释放热量的过程，因此能够在一定程度上预估燃烧过程中的主要性能参数，但是不能够从理论上把握燃烧过程中物理化学反应过程。

由于各国法规对排放的限制，准维模型不仅考虑热力学模型，还在此基础上考虑喷雾和火焰传播等物理过程的尺度变化。根据喷注空间的分布形态或火焰位置，把燃烧室分成两个以上的区域，分开考虑喷雾扩散、空气运动、油滴碰壁破碎蒸发、火焰传播和燃烧产物生成量的变化等过程，建立燃烧模型预测燃烧室内不同区域的燃烧温度、浓度等参数，而且对不同柴油机类型，其不同子过程的调整重视程度，使放热率比较接近实际情况，并能预测有害排放物浓度。准维模型与零维模型对比可得：准维模型考虑了柴油机工作过程中的细节变化，例如，燃油与空气相对运动、燃烧室内温度和浓度分布等，将燃烧室分割成许多较小区域，然后求解方程组，得到各分区内的温度、浓度和压力等的分布变化，这些模型从燃烧室内实际繁盛的物理化学过程出发，简化了实际燃烧模型，使之容易计算并且接近实际。

多维模型考虑了缸内过程物理域的二维或三维空间分布，与以上两种模型相比有很大的不同。这类模型对过程的描述不再是从现象出发，而是依据热力学、经典流体力学和燃烧化学等基本定律建立的。在这类模型中，各守恒方程与描述湍流运动、化学反应、边界层特征等相应的子模型一起，结合适当的边界条件，建立质量守恒方程组、动量守恒方程组、连续性方程组及气体状态方程组等偏微分方程组，求解并得到柴油机燃烧过程的相关联的基本数据，如燃烧室内混合气速度、温度、压力变化曲线和燃烧室内混合气速度场、温度场、压力场和浓度场等的空间分布。通过这些参数随时间变化情况和在特定时刻的空间分布情况，可以更加深入地了解燃烧过程的细节变化，并以结论为依据优化柴油机工作过程，并且可以判断有害物质的主要生成区域。计算结果能提供有关柴油机燃烧过程中混合气体流动感速度、温度和各组分在燃烧室内空间分布的详细情况，是一种较为精确的模型。

多维 CFD 模拟柴油机燃烧和着火的化学过程主要由链式传播机理构成，

扩展为带两个反应路径的链分支过程,即链分支反应的发生和两个链终止反应的发生。柴油机的燃料浓度取决于当地油气混合状况,并随空间和时间变化很大,强烈地影响了当地的化学反应动能。液体燃料的喷射所产生的高度各向异性的湍流场与层流反应过程发生剧烈的相互作用。这种最终体现在各个燃烧区域的局部化学/湍流交互作用是由瞬态的化学反应率和流动变量的随机脉动强度两方面所决定的,也就是说,它取决于化学反应和物理过程的时间尺度之比。这就使化学反应和流体量之间产生紧密的耦合。

缸内燃烧过程分析的常用数值模拟工具有:SCRYU、PowerFLOW、Star-CD、FIRE、KIVA、CFX-5、FLUENT、FIDAP 等。不同的软件在不同应用领域有各自的优势,例如 SCRYU,PowerFLOW 在剥离再附着、喷流、涡流等方面的计算精度比较高,适合于空气动力方面的研究,而 Star-CD 因它的计算和分析时间比较短,所需内存容量不大,且可以自动生成非结构化网格,广泛应用于柴油机定常流、喷雾燃烧、冷却水等领域的分析。作为 AVL 公司的发动机专用三维模拟软件 FIRE 依靠其强大的试验能力的支持,最近发展相当快。多维数值模拟对柴油机燃烧过程和喷雾进行仿真模拟计算,可以深入理解整个混合物形成和燃烧的过程,对于认识燃烧效率和排放物形成的机理,并使其满足日益严格的排放法规的要求有着重要的意义。

1.3 柴油机燃烧过程分析

根据燃料和空气混合气形成的特点,柴油机燃烧过程又可分成以下两个阶段:预混燃烧阶段和扩散燃烧阶段。在预混燃烧阶段,放热速率较快,其大小取决于着火延迟期中燃油与空气的混合数量。在扩散燃烧阶段,放热速率一般比预混燃烧慢,这时燃烧放热速率由空气和燃料相互扩散形成可燃混合气的速率控制。但分析柴油机的燃烧过程,最简便、应用最多的方法是从示功图上分析燃烧过程。因为燃料燃烧后,气缸中压力和温度不断升高,气缸中的压力和温度是反映燃烧进行情况的重要参数。柴油机的燃烧过程划分如图 1.2 所示。曲线 ABCDE 表示气缸中进行正常燃烧的压力曲线，ABF 表示气缸内不进行燃烧时的纯压缩膨胀曲线，图中还画出了喷油器针阀的升程曲线。根据燃烧过程进行的特征，一般把燃烧过程划分为四个阶段。

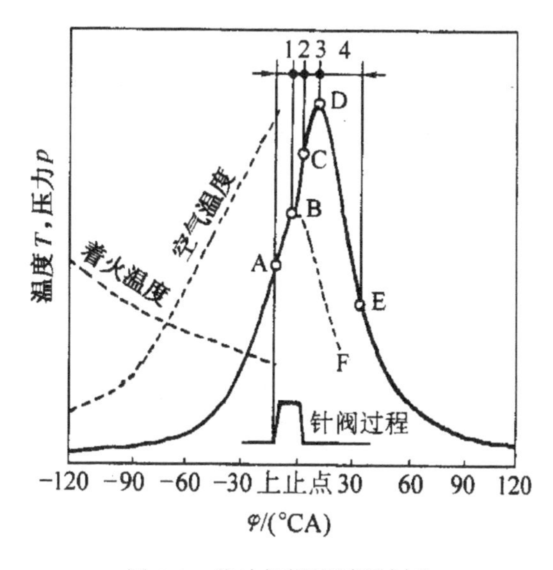

图 1.2 柴油机燃烧过程划分

1. 滞燃期

滞燃期又称着火延迟期，从喷油开始（A 点）到压力开始急剧升高时（B 点）为止，即 AB 段。在压缩过程末期，在上止点前 A 点喷油器针阀开启，向气缸喷入燃料。这时气缸中空气温度高达 600℃，远远高于燃料在当时压力下的自燃温度，但燃料并不马上着火，而是稍有滞后，即到 B 点才开始着火燃烧，压力才开始急剧升高，气体压力曲线开始与纯压缩曲线分离，此期间内放热量 $\tau_i \approx 0$，压力和温度的上升完全是活塞继续上移的结果（忽略化学反应放热和蒸发吸热，不考虑壁面传热）。在滞燃期内，喷入燃烧室的燃油进行雾化、蒸发、扩散和混合等物理过程和着火前的化学反应，但介质还未表现出明显的压力升高。滞燃期以τ_i（s 或 ms）或φ_i[°CA]表示。一般τ_i=0.7~3ms，可以从示功图上直接测定。滞燃期τ_i直接影响到第 2 阶段的燃烧，对整个燃烧过程影响很大。

2. 急燃期

急燃期又称着火中心扩展和火焰传播期，从压力曲线的 B 点开始，到压力急剧升高的终点（C 点）为止，即 BC 段。在这一阶段中，由于在滞燃期内已混合好的可燃混合气几乎一起燃烧，而且是在活塞接近上止点、气缸容积较小的情况下燃烧，因此气缸中压力升高特别快。一般用平均压力升高率$\Delta p/\Delta\varphi$来表示压力升高的急剧程度。

$$\frac{\Delta p}{\Delta\varphi}=\frac{p_C-p_B}{\varphi_C-\varphi_B} \tag{1.1}$$

如果压力升高率太大，则柴油机工作粗暴，有噪声甚至出现金属敲击声，运动零件受到很大的冲击负荷，发动机寿命就要缩短。为了保证柴油机运转的平稳性，平均压力升高率不宜超过 0.6MPa/(°CA)。

由于滞燃期内形成一定量的预混合气，在油束外层浓度、温度适宜处，出现一处或多处着火中心，在急燃期内，火焰自各个火焰中心同时向周围传播，传播速度很快并成为点源式或点源和容积混合式（逐渐爆炸型）、或容积式（同时爆炸型）火焰，后者多发出敲缸的声音。

在此期间，燃烧放热速度虽快，但燃烧的比例却很少。正常情况下约占总燃油热量的 10%，主要与滞燃期内形成的可燃混合气数量与分布有关，燃烧以预混合燃烧为主。经过该阶段燃烧后，燃烧室内形成大量未完全氧化的中间产物，这些中间产物将与新喷入的燃料混合在一起，随后与空气混合燃烧。由于此阶段内混合气不均匀性较高，所以当一些火焰传播到过稀的混合气区，可能造成局部熄火，由高速摄影获得的照片可看到火焰并没有遍及整个燃烧室内。

3. 缓燃期

缓燃期又称主燃期，从压力急剧升高的终点（C 点）到压力开始下降的 D 点为止。这一阶段的燃烧是在气缸容积不断增加的情况下进行的，所以燃烧必须很快才能使气缸压力稍有上升或几乎保持不变。由于在急燃期中大部分燃料要在此期间内燃烧，所以通常此期间内要放出总燃料热量的 70%～80%，此阶段结束时，燃气温度可高达 1700～2000℃。有些柴油机在缓燃期内燃料仍在继续喷射，如果所喷入的燃料是处在高温废气区域，则燃料得不到氧气，燃料容易裂解而形成碳烟；如果燃料喷到有氧气的地方，则此时由于气缸中温度很高，化学反应很快，滞燃期很短，喷入燃料很快着火燃烧，但如果氧气渗透不充分，过浓的混合气也容易裂解形成碳烟。因此，在缓燃期内加强空气运动，加速混合气形成，对保证混合气在上止点附近迅速和完全燃烧有重要作用。

此阶段内燃烧主要是扩散燃烧，燃烧速度主要取决于混合气的形成速度，后者很大程度上又受到供油规律的影响，因此又称为可控燃烧阶段或扩散燃烧期。几乎在各种情况下，缓燃期的放热峰值和喷油终止在时间上是一致的，因为缓燃期的峰值是由燃料与氧气的充足供应来决定的，柴油机中的过量空气系数较大，所以一旦喷油终止，放热率立刻开始下降。

4. 后燃期

后燃期从缓燃期的终点（D 点）到燃料基本上燃烧完全时（E 点）为止。在柴油机中，由于燃烧时间短促，燃料和空气的混合又不均匀，总有一些燃料不能及时烧完，拖到膨胀线上继续燃烧。特别是在高速、高负荷时，由于过量空气少，后燃现象比较严重，有时甚至一直继续到排气过程。在后燃期，因活塞下行，燃料在较低的膨胀比下放热，放出的热量不能有效利用，增加了散往冷却水的热损失，使柴油机经济性下降。此外，后燃增加活塞组的热负荷使排气温度增高。后燃期的延续时间一般在 50°CA～60°CA，释放的的热量约为总热量的 10%，后燃严重时可能达到 30%。总之，应尽量减少后燃。

1.4 FIRE 软件介绍

本书选择成熟的商业 CFD 软件 FIRE 对燃烧过程进行模拟。FIRE 软件是奥地利李斯特内燃机及测试设备公司（又称 AVL 公司）开发的一款专门应用于内燃机领域内的流体力学计算软件。AVL 公司是一家在世界汽车、发动机行业拥有很高知名度和良好声誉的高科技公司，主要业务是发动机的科研、开发、设计咨询和发动机测试设备的生产。FIRE 软件融合了 AVL 公司研发各类发动机的经验，不仅能够求解普通流动问题，也能求解复杂的柴油机缸内流场和燃烧过程等问题；其在求解瞬态复杂流动方面具有优势。

1.4.1 FIRE 软件组成

FIRE 软件包括三个基本的组成部分：前处理器（Preprocessor）、主程序求解器（Hydrocode）和后处理器（Postprocessor）。每一个组成部分都是一个相对独立的计算程序。

FIRE 软件的前处理器是专门为内燃机结构形状的计算网格而设计的，它可以用于生成气体结构类型的形状。用它可以构建一些形状相对较简单的带有气阀和楔形燃烧室的内燃机计算网格。前处理器的运行需要一个输入文件 IPREP，里面包含了构建网格所必需的所有结构、形状参数、边界条件和各块之间的联接关系，并且 IPREP 的所有数据必须严格按照一定的格式要求输入。它的运行结果是输出一个主程序正常运行所必需的名为 OTAPE 的计算网格有限元数据文件，里面提供单元总数、顶点总数、计算区域数以及所有顶点的 x，y，z 坐标、所有单元之间的相对位置关系等数据和一个用于程序调试（DEBUG）的 OTAPE11 文件。该文件一般不能直接可视化，而必须等主程序运行完毕以后再通过后处理器程序实现网格的可视化。

主程序是一个流场求解器，通过前面所述的数值方法进行计算，最终得到计算区域内不同时刻各组分浓度和其他参数的分布等大量丰富的信息。要使主程序正常运行，必须提供以下输入文件：

（1）OTAPE17：将前处理器程序运行得到的 OTAPE11 改名即可。

（2）ITAPE5：程序计算所必需的各种初始条件、发动机有关参数、燃料化学反应数据、各计算模型开关、仿真起始角度或时间等。

（3）ITAPE18：当流场计算涉及进排气时使用，为气阀升程随曲轴转角变化的数据。

（4）ITAPE7：只有当计算重新启动时才使用。

根据输入文件和计算要求的不同，可以输出不同的输出文件，主要有：

（1）dat 文件，为气缸内平均性能参数（包括平均气缸压力、温度、体积、密度、质量等数据）以及喷油数据、湍流数据、动力学数据等。

（2）OTAPE9：包含大量指定曲轴转角的气缸内各点详细适时数据，提供给 FIRE 软件后处理程序用于后处理。

（3）OTAPE12：读入输入数据和计算过程显示等信息，可以用于程序、输入参数格式调整。

后处理是 FIRE 软件附带的后处理器，具有对主程序计算结果进行可视化的功能。将主程序计算得到的 OTAPE9 文件改名为 ITAPE9，再根据用户需要准备输入文件 IPOST，运行后处理器可以得到如计算区域网格透视图、速度图、温度图、压力图等图形。

1.4.2 FIRE 软件优点

湍流模型、燃烧模型、喷射模型和排放预测模型等都包含在 FIRE 软件中，湍流模型主要有 $\kappa-\varepsilon$ 双方程模型、AVL-HTM 模型和 RSM 模型；燃烧模型主要有 PDF 模型、EBU 模型和特征时间尺度模型；排放模型包含了多种 NO_x 预测模型和 soot 模型，NO_x 预测模型主要包括 Zeldovich 模型及其扩展模型和

Heywood 模型及其扩展模型，Soot（碳烟颗粒）预测模型主要包括 Lund Flamelet 模型、Frolov Kinetic 模型和 Kenedy/Hiroyasu/Magnussen 模型等；FIRE 的接口是开放的形式，用户可以自定义模型，可以与 FIRE 的其他模型联合起来，进行求解。现在，FIRE 软件主要应用在发动机的设计与研发领域，可以优化进排气系统、喷雾燃烧过程，分析冷却水套热力系统、喷嘴内流动、瞬态燃烧室内气体流动和研究催化转化器起燃过程等。与其他计算流体力学（CFD）软件比较，FIRE 软件有以下几个方面的优点。

1. 用户界面较为友好和网格生成比较方便

在 FIRE 软件中，集成了网格生成工具，求解器及结果后处理器三个模块，用户界面类似微软办公软件窗口，简洁明了，易学易掌握。网格生成过程以导航程序引导，有不同程度自动生成方法，用户可以实现各种形式的局部网格细化，还可以快速生成移动网格。对任意复杂的几何形状，自动生成的混合网格中六面体网格占 80%以上。

2. 先进的算法、物理模型和应用经验

（1）AVL 模拟技术部门在汽车内外流动以及发动机喷雾燃烧模拟分析方面有着丰富的经验和多年的积累，由于 AVL 在发动机设计方面的经验以及大量试验数据验证，使得 FIRE 在计算发动机的燃烧和流场方面拥有极大的优势。FIRE 还可以和其他领域的仿真软件（如 BOOST）集成做耦合计算，从而综合计算发动机的燃烧和流动过程。在计算流体力学（CFD）软件中首次采用以网格面为基准，能够应用于任意形状多面体网格的求解技术；这种技术随后在其他计算流体力学软件中应用。

（2）FIRE 软件提供的湍流模型中不仅有通用的模型，还有 AVL 模拟部门提出的复合湍流模型，这种模型整合了 $\kappa-\varepsilon$ 模型和 RSM 模型的优点，具有快速稳定性和高精度特点。

3. FIRE 软件的多相流模型较为先进

（1）可以考虑任意多个相与相之间的相互作用。

（2）可将 VOF 方法和二流体结合起来。

（3）可以求解有体积力的相交过程。

（4）平等对待两个或多相中的每个相，处理原则是一致的。例如：每个相的湍流模拟是单独进行，此外还考虑各相间湍流的相互影响。其他软件一般需要先分别定义离散和连续的相，简化计算方式，求解离散相的湍流。

（5）在穴蚀模拟方面经验丰富。

4. 实用性强

FIRE 软件带有多个喷雾、燃烧模型，且适用范围之广，许多计算实例得到了认证。结合先进的多相流技术，FIRE 不断推出更准确的喷雾模拟技术。

5. 非常先进的结果处理器

FIRE 的后处理功能完备，简单易用。除常有的工具外，能直接在界面上以动态形式演示三维瞬态分析结果，然后可存成通用文件，其他软件没有这个功能。用户可充分发挥其创造性，做出的结果既能够科学地揭示所研究的现象和机理，又能够获得较高的视觉效果。

6. 典型应用方面的优点

（1）冷却水套。FIRE 对冷却水套的模拟计算早已列入 AVL 发动机开发过程的常规计算，对其的优化分析有一整套完备的解决方案。能够合理选取网格，实现流量分布的优化；软件中包含了关于水套的计算参数模板文件；FIRE 软件可以和 NASTRAN 等结构分析软件进行联合计算，能够更加精确地预测热传导的发展过程，综合对流换热模型和局部沸腾换热的影响，能够更加准确地得到传热和温度变化；FIRE 软件先进的多相流模块，能够在计算冷却水灌注的瞬态过程方面更加精确。

（2）柴油机缸内喷雾燃烧。目前柴油机大多使用螺旋式气道，初始涡流比、初始湍流条件已经确定时，燃烧室内混合气流动和燃烧过程模拟可以从进气门关闭之后开始；这样能够不用考虑进气道及气门运动的影响，使模型简化了，因此计算时间较短。

（3）发动机进排气系统。FIRE 软件使用先进的网格生成技术，建立静态进气系统的模型，短时间内就可以完成。不仅能够分析排气管内的流动传热，该软件还可以对废弃物排放处理模块三元催化转化器内的流动、传热和排放物的转化进行模拟计算。

7. 齐全的数据接口和强大的计算

FIRE 软件对 CAD 软件、网格生成器、求解器、后处理器都开放有相应的接口，软件兼容性好。使用 SMP（共享内存多处理器）系统进行并行计算，采用 MPI 技术对 DMP（分散内存多处理器系统）进行并行计算。

8. 强大的结果输出功能

FIRE 软件可以得到柴油机可以输出求解范围内任意空间和时刻的大量数据和分布情况。将数据进行后处理，能够得到非常多的参数随时间（曲轴转角）的变化曲线和流场分布信息。拥有强大的输出功能，可以进行以下的输出：所有模拟曲轴转角和截面的计算网格图；所有曲轴转角和截面的速度、温度、压力、浓度分布图；任意时段、空间和截面的温度、压力、速度、浓度的变化，以及能够输出这些量分布变化的动画；喷射油束动画及任意曲轴转角液滴按尺寸、速度、温度、浓度图；除了能够输出三维图和动画，还能够输出燃烧室内的相关参数随时间的变化曲线，如平均压力、平均温度、平均浓度，各组分质量分数和气缸内总体积的变化曲线；气缸内燃油质量分数的变化曲线；燃烧室内湍流的平均动能、温度、耗散率、尺度长度、黏度的变化曲线。

得益于 FIRE 软件的强大输出功能，可以方便地建立模拟对象，运用控制变量的方法，只改变某一特定的规律，研究其对柴油机性能和排放的影响，根据模拟结果可以对柴油机的燃烧室形状、喷油规律等进行研究。可以实现：

（1）研究燃烧室几何形状对混合气的形成和燃烧过程的影响，设计出符合需求的燃烧室几何形状。

（2）研究喷油规律对柴油机工作过程的影响，设计出较为理想的喷油规律，提高热效率和降低排放。

（3）通过对不同转速下的动力性和经济性的对比分析，得到不同负载下的最合适转速。

（4）使用不同燃料，可以得到不同燃料对柴油机燃烧过程的影响，研究出具有较高热效率和较低氮氧化合物、碳氢排放的新型燃料。

（5）可以用来测试新技术，例如测试 EGR 系统的降低排放的效果，得到最佳的 EGR 率。

（6）可以进行散热和噪声进行相关研究，设计出更加先进的燃烧系统和排放处理系统。

（7）对于不同的计算模型的数值结果与实验结果相对比，可以得出不同燃烧计算所适用的数学模型。

（8）分析、验证新的柴油机工作计算模型的科学性和合理性。

1.5　本书的主要研究内容

柴油机在热效率、适应性、可靠性和便利性等方面更加具有优势，被广泛应用于交通、工程机械、矿山机械、农用机械、船舶动力和军用动力设备等领域，近些年，在车用动力方面应用越来越广泛，全球车用动力“柴油化”趋势日渐明显。增压系统、电控喷射系统和共轨技术等新技术的采用提高了柴油机的动力性、热效率，降低了污染物排放，但 NO_x 和微粒排放依然较高，工作噪声较大。随着人们生活水平和科学技术的发展，各国对环境问题日益重视，并制定了严格的排放法规，使柴油机的研究不断发展，逐渐克服和改善了部分不足之处。

优化柴油机的结构参数（例如：燃烧室形状、喷孔夹角、喷射位置等方面）和运行参数（例如：喷油提前角、喷油规律、预喷射、后喷射、EGR、进气温度等方面）能够改善柴油机的燃烧排放和整机性能。通过结构参数和运行参数的合理确定，来改善柴油机的燃烧过程和整机性能。为了深入分析结构参数和运行参数对柴油机工作过程的影响，本书利用 AVL-FIRE 软件对结构参数和运行参数下缸内混合气体的形成及燃烧过程进行三维数值模拟，对计算结果进行分析。对比分析不同结构参数或运行参数下柴油机整个混合物形成和燃烧的过程，在此基础上优化柴油机的结构参数和运行参数。

第 2 章　柴油机多维数值模拟计算模型

随着计算机技术和数值计算技术的发展，柴油机多维燃烧模型得到了广泛的应用。在多维模型中，各基本守恒方程与描述湍流运动、化学反应、边界层特征等相应的子模型一起，结合适当的柴油机边界条件，用数值方法求解。多维燃烧模型能够提供有关柴油机燃烧过程中气流速度、温度和成分在燃烧室内空间和时间分布的详细信息，是一种较为精细的模型。多维燃烧模型可以模拟柴油机中十分复杂的热力学过程，包括气流运动、质量、动量和能量的传递与转换，燃油的喷射、雾化与蒸发，混合气的形成、着火与燃烧，传热，气相物与微粒的排放以及边界的运动等。

柴油机燃烧过程多维模拟计算数学模型以传热传质学、流体力学、燃烧理论、化学反应动力学和计算数学为基础，依据物理学的基本定律，即动量守恒定律、质量守恒定律、能量守恒定律和组分守恒定律，对柴油机中的气体湍流、喷雾混合、化学反应、传热传质和燃烧排放等过程建立一组多变量的偏微分方程组，主要包括：缸内气体流动的基本守恒方程、缸内气体湍流模型、燃油喷雾模型、缸内气体燃烧模型、排放物形成模型等，这些模型是柴油机多维燃烧模拟的理论基础。

2.1　基本守恒方程

柴油机缸内多维数值模拟是以经典流体力学可压缩性黏性流体的 N-S 方程为基础来模拟柴油机缸内的气体流动，这些方程包括：质量守恒定律、动量守恒定律、能量守恒定律和组分守恒定律，以一组偏微分的方程组来描述缸内流动过程。

2.1.1 质量守恒方程

质量守恒定律：单位时间内流体微元体中质量的增加，等于同一时间间隔内流入该微元体的净质量。质量守恒方程为

$$\frac{\partial \rho}{\partial t}+\frac{\partial}{\partial x_j}(\rho u_j)=s_{\mathrm{m}} \tag{2.1}$$

式中，ρ 为密度；t 为时间；x_j 为笛卡尔坐标（$j=1,2,3$）；u_j 为流体在 x_j 方向上的速度分量；s_{m} 为质量源项；$\frac{\partial}{\partial x_j}(\rho u_j)$ 为张量符号，其值为

$$\frac{\partial}{\partial x_j}(\rho u_j)=\frac{\partial}{\partial x_1}(\rho u_1)+\frac{\partial}{\partial x_2}(\rho u_2)+\frac{\partial}{\partial x_3}(\rho u_3) \tag{2.2}$$

2.1.2 动量守恒方程

动量守恒定律：微元体中流体的动量对时间的变化率等于外界作用在该微元体上的各种外力之和。动量守恒方程为

$$\frac{\partial}{\partial t}(\rho u_i)+\frac{\partial}{\partial x_j}(\rho u_j u_i-\tau_{ij})=-\frac{\partial p}{\partial x_i}+s_i \tag{2.3}$$

式中，p 为表压力；τ_{ij} 为应力张量分量；u_i 为 x_i 方向上的速度分量；s_i 为动量源项。

2.1.3 能量守恒方程

能源守恒定律：微元体中能量的增加率等于进入微元体的净热流量加上体力与面力对微元体所做的功。能量守恒方程为

$$\frac{\partial}{\partial t}(\rho h)+\frac{\partial}{\partial x_j}(\rho u_j h-F_{h,j})=\frac{\partial p}{\partial t}+u_j\frac{\partial p}{\partial x_j}+\tau_{ij}\frac{\partial u_i}{\partial x_j}+s_h \tag{2.4}$$

式中，h 为静态焓，定义为热焓和化学反应焓总和，即 $h=\overline{c}_pT-c_p^0T_0+\sum m_{\mathrm{m}}H_{\mathrm{m}}$；$s_h$ 为能量源项；$F_{h,j}$ 为焓 h 的扩散通量。

2.1.4 组分守恒方程

组分质量守恒定律：系统内某种化学组分质量对时间的变化率，等于通过系统截面净扩散流量与通过化学反应产生的该组分的生成率之和。组分 S 的组分质量守恒方程为

$$\frac{\partial}{\partial t}(\rho c_{\mathrm{s}})+\mathrm{div}(\rho u c_{\mathrm{s}})=\mathrm{div}[D_{\mathrm{s}} grad(\rho c_{\mathrm{s}})]+S_{\mathrm{s}} \tag{2.5}$$

式中，c_{s} 为组分 S 的体积浓度；ρc_{s} 为该组分的质量浓度；D_{s} 为该组分的扩散系数；S_{s} 为系统内部单位时间内单位体积通过化学反应产生的该组分的质量。

FIRE 软件运用以上质量守恒方程、动量平衡方程、能量守恒方程和组分守恒方程，得到描述缸内的基本物理量随时间和空间变化，它们包括各组分浓度、速度、密度、温度，然后对偏微分方程组内的各瞬态未知量进行雷诺平均，得到反映缸内流场的物理量集总平均值。

2.2 湍流模型

柴油机缸内的气流运动存在着密切耦合在一起的具有微小涡团和多种大尺度运动的湍流运动。湍流是一种高度复杂的三维非稳态、带旋转的不规则流动。在湍流中流体的各种物理参数，如速度、压力、温度等都随时间与空间发生随机的变化。在柴油机的整个工作循环中，缸内气体始终在进行着复杂而又强烈瞬变的湍流运动。这种湍流运动决定了各种量在缸内的输运及其空间的分布，是柴油机燃烧过程和工作过程中各种物理化学过程的一个共同的基础，它决定了各种量在缸内的空间分布及其输运。因此，需要正确描述和模拟湍流运动，以便对柴油机的燃烧进行正确的模拟和分析。

目前比较常见的湍流模型较多，但雷诺应力模型由于对不规则的几何形状、有固体壁面的流场很难准确模拟且计算量较大，因此目前还没有直接用于柴油机的三维计算；ASM（代数应力模型）较$\kappa-\varepsilon$模型并无明显的改善，主要由于它所包含的线性本构关系不适合于缸内湍流，而且在数值求解上还存在困难；RDT（湍流的快速畸变理论）在柴油机中的应用主要限于一种极限情况下的理论解，作为建立其他湍流模型的一个参照标准。当前在柴油机中应用较多的模型是亚网格尺度（SGS）模型（单方程模型）、$\kappa-\varepsilon$模型（双方程模型）等。本书采用在柴油机燃烧过程模拟研究中应用得较多的标准$\kappa-\varepsilon$双方程模型，在该模型中κ是湍动能，ε是湍动能耗散率[97]。

$$\frac{\partial(\rho\kappa)}{\partial t}+\frac{\partial(\rho u_j\kappa)}{\partial x_j}=-\frac{2}{3}\rho\kappa\frac{\partial u_j}{\partial x_j}+\tau_{ij}\frac{\partial u_i}{\partial x_j}+\frac{\partial}{\partial x_j}\left(\frac{\mu_{eff}}{Pr_\kappa}\frac{\partial\kappa}{\partial x_j}\right)-\rho\varepsilon+\dot{W}^s \quad (2.6)$$

$$\begin{aligned}\frac{\partial(\rho\varepsilon)}{\partial t}+\frac{\partial(\rho u_j\varepsilon)}{\partial x_j}=&-\left(\frac{2}{3}c_{\varepsilon1}-c_{\varepsilon3}\right)\rho\varepsilon\frac{\partial u_j}{\partial x_j}+\frac{\partial}{\partial x_j}\left(\frac{\mu_{eff}}{Pr_\varepsilon}\frac{\partial\varepsilon}{\partial x_j}\right)\\&+\frac{\varepsilon}{\kappa}\left(c_{\varepsilon1}\tau_{ij}\frac{\partial u_i}{\partial x_j}-c_{\varepsilon2}\rho\varepsilon+c_s\dot{W}^s\right)\end{aligned} \quad (2.7)$$

式中，$\dot{W}^s$为与喷雾的相互作用而产生的湍流源项；$-\left(\frac{2}{3}c_{\varepsilon1}-c_{\varepsilon3}\right)\rho\varepsilon\frac{\partial u_j}{\partial x_j}$为体积膨胀产生的源项；$c_{\varepsilon1}$、$c_{\varepsilon2}$、$c_{\varepsilon3}$、$c_s$为湍流模型中的常数，$Pr_\kappa$、$Pr_\varepsilon$是湍流模型中$\kappa$、$\varepsilon$的普朗特数。上述两方程中各系数的取值见表2.1。

表2.1 湍流模型中系数的取值

系数	c_μ	$c_{\varepsilon1}$	$c_{\varepsilon2}$	$c_{\varepsilon3}$	Pr_κ	Pr_ε	c_s
取值	0.09	1.44	1.92	-1.0	1.0	1.3	1.5

但在靠近燃烧室壁面区域，由于存在边界层，导致代表高雷诺数流动的双方程湍流模型不再适用。因此采用标准壁面函数模型来用于反映该区域的流动及其对缸内主流区的影响，具体方程如下：

$$u \cdot n = u_{\mathrm{wall}} \cdot n \tag{2.8}$$

式中，n为法向；u为法向单位矢量；u_{wall}为活塞运动速度，u的切向速度分量满足对数分布函数规律，即：

$$\frac{v}{u^*} = \begin{cases} \xi^{1/2} & \xi > Re_c \\ \dfrac{1}{C}\ln(C_{LW}\xi^{7/8}) + B & \xi < Re_c \end{cases} \tag{2.9}$$

式（2.9）中，设节点到壁面的距离y足够小，使计算节点布置在层流底层或对数函数规律的边界层内。此外$v = \left|u - u_{\mathrm{wall}}\right|$；$\xi$为壁面处的雷诺数，

$\xi = \dfrac{\rho y v}{\eta_{\mathrm{air}}(T)}$；$C_{\mathrm{lw}} = 0.5$；$\mathrm{Re}_c = 114$；$C$、$B$分别为

$$C = \sqrt{C_\eta^{\frac{1}{2}}(C_{\varepsilon 2} - C_{\varepsilon 1})Pr_\varepsilon} = 0.4327 \tag{2.10}$$

$$B = \mathrm{Re}_c - \frac{1}{c\ln(C_{lw}Re_c^{7/8})} \tag{2.11}$$

此外，式中u^*为剪切速度，根据下式决定

$$\tau_{\mathrm{W}} = \rho u^* \tag{2.12}$$

式中，τ_{W}为平行于壁面的切向应力。

2.3 燃油喷雾模型

喷雾是一种多相流现象，在进行数值计算时需同时求解气相和液相的守恒方程。对于液相，实际上目前工程应用中所有的喷雾计算是基于一种统计方法，即离散液滴法（DDM），来进行数值模拟的。该方法是对油滴组的轨迹、动量、热质转换求解差分方程，每个油滴组包含一些油滴，同时假设这些油滴有着相同的物性，它们运动、破碎、撞壁或蒸发的行为完全相同。

这里连续的气相由标准欧拉守恒方程来描述，而散布相的输运过程则采用

跟踪一定数量的代表性油滴组来计算。喷雾及油气混合过程中，由喷嘴射出的液体燃油将与燃烧室内的气流和壁面发生一系列复杂的物理作用，要经历破碎、湍流扰动、变形、碰撞聚合、蒸发和碰壁等一系列物理变化。燃油的喷射、雾化、蒸发及其与空气的混合对柴油机的燃烧和排放具有非常重要的影响。所以，建立能够准确描述和计算燃油的喷射、破碎、蒸发过程以及喷雾油滴与缸内宏观气流和脉动湍流相互作用的喷雾模型，对深入地分析缸内的微观过程具有非常重要的作用。

2.3.1 基本方程

油滴组的轨迹和速度差分方程如下：

$$m_{\mathrm{d}}\frac{\mathrm{d}u_{i\mathrm{d}}}{\mathrm{d}t}=F_{i\mathrm{dr}}+F_{i\mathrm{g}}+F_{i\mathrm{p}}+F_{i\mathrm{b}} \tag{2.13}$$

式中，m_{d} 为油滴质量；$u_{i\mathrm{d}}$ 为油滴速度矢量；$F_{i\mathrm{dr}}$ 为牵引力，$F_{i\mathrm{dr}}=D_{\mathrm{p}}\cdot U_{i\mathrm{rel}}$；$D_{\mathrm{p}}$ 为牵引函数，定义为 $D_{\mathrm{p}}=\frac{1}{2}\rho_{\mathrm{g}}A_{\mathrm{d}}C_{\mathrm{D}}\left|U_{\mathrm{rel}}\right|$；$A_{\mathrm{d}}$ 为液滴的横切面面积；ρ_{g} 为气态密度；U_{rel} 为气液相对速度；C_{D} 为系数，是液滴雷诺数 Re_d 的函数，由下面的公式求得：

$$C_{\mathrm{D}}=\begin{cases}\dfrac{24}{Re_d}(1+0.15Re_d^{0.687}) & Re_d<10^3\\ 0.44 & Re_d\geqslant 10^3\end{cases} \tag{2.14}$$

雷诺数 Re_d 表达式如下：

$$Re_d=\frac{\rho_{\mathrm{g}}\left|U_{\mathrm{rel}}\right|D_{\mathrm{d}}}{\mu_{\mathrm{g}}} \tag{2.15}$$

式中，D_{d} 为油滴直径；μ_{g} 为流体黏度。

$F_{i\mathrm{g}}$ 包括浮力和重力，表示为

$$F_{i\mathrm{g}}=V_{\mathrm{p}}\cdot(\rho_{\mathrm{p}}-\rho_{\mathrm{g}})g_i \tag{2.16}$$

式中，V_{p} 为液滴体积；ρ_{p} 为液滴密度；g_i 为重力加速度。

$F_{i\mathrm{p}}$ 是压力，表示为

$$F_{i\mathrm{p}} = V_{\mathrm{p}} \cdot \nabla p \tag{2.17}$$

F_{ib} 是其他所有外力之和，如磁力、静电力等。从作用强度上对比几种力，FIRE 只考虑了阻力和重力的影响，但阻力是与燃油喷射和燃烧计算最密切相关的力，将相关力的表达式代入式（2.13），并除以油滴质量 m_{d}，即可得到油滴的加速度方程为

$$\frac{\mathrm{d}u_{i\mathrm{d}}}{\mathrm{d}t} = \frac{3}{4} C_{\mathrm{D}} \frac{\rho_{\mathrm{g}}}{\rho_{\mathrm{d}}} \frac{1}{D_{\mathrm{d}}} \left| u_{i\mathrm{g}} - u_{i\mathrm{d}} \right| (u_{i\mathrm{g}} - u_{i\mathrm{d}}) + \left(1 - \frac{\rho_{\mathrm{g}}}{\rho_{\mathrm{d}}}\right) g_i \tag{2.18}$$

通过对上式进行积分，即可确定油滴的速度，油滴的瞬时位置矢量可通过式（2.19）求得

$$\frac{\mathrm{d}x_{i\mathrm{d}}}{\mathrm{d}t} = u_{i\mathrm{d}} \tag{2.19}$$

2.3.2 蒸发模型

在模拟计算中，一般有三个用于计算油滴的加热与蒸发模型，分别是传热传质模拟，Spakling KIVA Ⅱ和 Abramzon Sirignano 模型。在此主要介绍传热传质模拟。

传热传质过程是通过由 Dukowicz 导出的一个基本模型来描述的。主要基于如下五条假设：

（1）球对称。

（2）油滴周围的空气和油膜之间的作用是一个准平衡过程。

（3）沿油滴直径方向温度处处相等。

（4）周围流体的物性一致。

（5）油滴表面液－气处于热平衡状态。

基于以上假设，由于油滴温度处处相等，因此油滴的温度变化率可由能量

守恒方程求出，即传入油滴的能量用于加热油滴或者用于油滴蒸发，平衡方程如下：

$$m_{\mathrm{d}}c_{\mathrm{pd}}\frac{\mathrm{d}T_{\mathrm{d}}}{\mathrm{d}t}=L\frac{\mathrm{d}m_{\mathrm{d}}}{\mathrm{d}t}+\dot{Q} \tag{2.20}$$

由空气向油滴表面的对流换热产生的热流率$\dot{Q}$为：

$$\dot{Q}=\alpha A_{\mathrm{s}}(T_{\infty}-T_{\mathrm{s}}) \tag{2.21}$$

其中，α为不考虑传质时通过油滴周围油膜的对流换热系数；A_{s}为油滴表面积。

在Dukowicz的蒸发模型中，认为油滴是在不可压缩气体中蒸发。因此用一种双组分体系描述气相，即认为气体中包括燃油蒸气和不可压缩空气，尽管这两种组分都可能是不同物质的混合物。

由油滴表面热平衡状态的假设引入当地表面热流率$\dot{q}_{\mathrm{s}}$和蒸发质量流率$\dot{f}_{\mathrm{vs}}$，质量流率的控制方程为

$$\frac{\mathrm{d}m_{\mathrm{d}}}{\mathrm{d}t}=\dot{Q}\frac{\dot{f}_{\mathrm{vs}}}{\dot{q}_{\mathrm{s}}} \tag{2.22}$$

因此油滴能量守恒方程为

$$m_{\mathrm{d}}c_{\mathrm{pd}}\frac{\mathrm{d}T_{\mathrm{d}}}{\mathrm{d}t}=\dot{Q}\left(1+L\frac{\dot{f}_{\mathrm{vs}}}{\dot{q}_{\mathrm{s}}}\right)\frac{\mathrm{d}m_{\mathrm{d}}}{\mathrm{d}t} \tag{2.23}$$

倘若油滴的表面热流率 c 和$\dot{f}_{\mathrm{vs}}/\dot{q}_{\mathrm{s}}$已知，式（2.22）定义了油滴的质量变化，因此可得到油滴的瞬时直径和式（2.23）中的油滴温度。蒸发质量流率和表面热流率之比又可表达为

$$\frac{\dot{f}_{\mathrm{vs}}}{\dot{q}_{\mathrm{s}}}=\frac{\rho\beta}{k}\left(\frac{1}{1-\mu_{\mathrm{v,s}}}\right)\frac{\nabla_{\mathrm{s}}\mu_{\mathrm{v}}}{\nabla_{\mathrm{s}}T} \tag{2.24}$$

基于传热和传质的微分方程以及边界条件的相似关系，可推出式（2.24）中$\dfrac{\nabla_{\mathrm{s}}\mu_{\mathrm{v}}}{\nabla_{\mathrm{s}}T}$：

$$\frac{\nabla_s \mu_v}{\nabla_s T} = \frac{Le}{c_p}\left(\frac{h_{sv} - h_s}{\mu_{v,sv} - \mu_{v,s}} - h_{s,v} + h_{g,s}\right) \tag{2.25}$$

假设Lewis数等于1（$Le=1$），$\dot{f}_{vs}/\dot{q}_s$的最终形式为

$$\frac{\dot{f}_{vs}}{\dot{q}_s} = \frac{-B_y}{h_\infty - h_s - (h_{vs} - h_{gs})(\mu_{v\infty} - \mu_{vs})} \tag{2.26}$$

$$B_y = \frac{\mu_{v\infty} - \mu_{vs}}{1 - \mu_{vs}} \tag{2.27}$$

其中，B_y为质量转换数。

用Nusselt数代替式（2.21）中的对流换热系数，则由空气到油滴表面的对流换热率为

$$\dot{Q} = D_d \pi \lambda Nu (T_\infty - T_s) \tag{2.28}$$

对于球形的油滴，热流率$\dot{Q}$可由导热系数获得。

单油滴的Nusselt数Nu可由下列表达式关系获得，并适应于某些喷雾类型

$$Nu = 2 + 0.6 \mathrm{Re}_d^{1/2} \mathrm{Pr}_{1/3} \tag{2.29}$$

式中，Re数和Pr数是根据常用表达式求出的。确定输运参数（蒸汽黏性、比热容、导热系数）涉及的参考温度即油滴表面和当地主流场之间的平均温度：

$$\overline{T} = \frac{T_\infty + T}{2} \tag{2.30}$$

2.3.3 破碎模型

在FIRE中，因WAVE离散模型能较好地描述多喷孔柴油机喷雾过程中的油滴破碎过程，并且计算结果准确，因此本书在描述喷油雾化过程时也采用此模型[102]。WAVE模型在描述油滴的破碎过程时，考虑了喷油器结构参数和喷射油滴的关系，在周围空气的液—气法向切力相互作用下出口油滴分散形成小液滴。该种方法是利用一个连续的模型将喷嘴的几何形状等因素与影响最初扰动的喷嘴通道内的流动考虑进来。同时在燃油雾化过程中，油滴表面的微小扰

动会产生不稳定波，从而使油滴破碎。在雾化区内形成的液态油束通过求解三大守恒方程，将全空间内的油滴简化成离散的小油滴群。

WAVE 模型的破碎时间公式为[103]

$$\tau = \frac{3.726 \cdot C_2 \cdot r}{\Lambda \Omega} \tag{2.31}$$

式中，Λ 为其相应波长；Ω 为表面波最大生成速率；r 为分离前油滴的半径，即母液滴半径；C_2 为一常数，用于调整破碎的时间。

分离后的稳定子液滴半径为

$$r_{\text{stable}} = \min \begin{cases} (3\pi r^2 U_{\text{rel}} / 2\Omega)^{0.33} \\ (2r^2 \Lambda / 4)^{0.33} \end{cases} \tag{2.32}$$

液滴的破碎率为

$$\frac{\mathrm{d}r}{\mathrm{d}t} = \frac{-(r - r_{\text{stable}})}{\tau} \tag{2.33}$$

2.3.4 碰壁模型

由于燃烧室内空间的限制，燃油喷射射流与燃烧室壁面不可避免地常会发生撞击现象，燃油的分布及其运动特性与自由射流的雾化过程相比均存在着明显的差异。油滴碰壁会导致动力特性和运动形态发生变化，从而产生油膜，影响到柴油机的燃烧和排放。Reitz 和 Naber 通过对喷雾碰壁的研究，提出了一种喷雾冲击壁面的模型。该模型根据燃油碰壁后出现的不同现象，将油滴碰壁归为三种情况：一是黏附，即油滴碰壁后黏附在碰壁处并继续蒸发；二是反射，即油滴与壁面碰撞后按光学反射率从壁面弹回；三是射流，即入射油滴如同射流一般沿壁面滑行。

从柴油机喷射的实际经验出发，在计算中不再考虑黏附模型；而在一般柴油机工况下，喷雾油滴的韦伯数 We 大于 80，油滴很难反弹，只能射流，另外由于壁温一般都低于燃油沸点，碰壁油滴将会在壁面上形成“油壁”，所以射流情况能够较好地反映碰壁的物理过程，本书采用 Walljet 碰壁模型。

Walljet 模型根据适用情况不同给出了三种类型，即 walljet0、walljet1 和 walljet2。其中 walljet0 一般适用于入射距离较短、喷射速度较低的射流，并没有破碎发生，一般用于 GDI 发动机；而 walljet1 和 walljet2 的区别是反射角度和破碎直接的算法不同，并且 walljet1 适合于热壁面，特别适合柴油机的模拟计算。因此，书中采用 walljet1 射流模型[104-105]。

2.3.5 湍流耗散模型

油滴粒子在流场中穿过时，受湍流涡团的瞬时速度与其自身惯性的共同作用发生偏转。这种湍流涡团对油滴粒子的附加影响在流场中不能被计算出来，因而引入了湍流耗散模型，本书所选用的是 Enable 模型。

在 Gosman 和 loannidis 使用的随机耗散方法中，湍流对油滴粒子的影响是用将脉动速度 u_i' 叠加到平均速度 u_{ig} 上来模拟，湍流对油滴粒子的作用时间定义为湍流关联时间 t_{turb}。

若假设湍流各向同性，则粒子脉动速度 u_i' 可由高斯分布的标准偏差 $\sigma=\sqrt{2k/3}$ 随机决定，如式（2.34）所示，其中 k 是油滴所在位置的空气湍动能，Rn_i 为对应于每个矢量分量的介于 0、1 之间的随机数，erf^{-1} 是反高斯函数。

$$u_i'=\left(\frac{2}{3}k\right)^{1/2}\text{sign}(2Rn_i-1)erf^{-1}(2Rn_i-1) \tag{2.34}$$

选择脉动速度 u_i' 作为时间分段函数，用以判断湍流关联时间 t_{turb} 是取决于涡团破碎时间还是粒子穿过涡团的时间，且在 t_{turb} 过后对 u_i' 进行更新。

$$t_{\text{turb}}=\min\left(C_{\text{r}}\frac{k}{\varepsilon},C_1\frac{k^{3/2}}{\varepsilon}\frac{1}{\left|u_{\text{g}}+u_i'-u_{\text{d}}\right|}\right) \tag{2.35}$$

式中，$C_{\text{r}}=1.0$，$C_1=0.16432$，均为模型参数。

由于平均气流速度 u_{ig} 和油滴所在位置的空气湍动能 k 均可通过气相方程

求解得到，这样湍流涡团对油滴粒子的影响便可以被描述。

2.4 燃烧排放模型

2.4.1 着火模型

在碳氢燃料的多维着火过程模拟中，最通用的方法是基于 Shell 模型的自燃点火模型。Shell 模型把燃料着火与燃烧过程加以高度简化，采用简化的反应机理来模拟碳氢燃料的自燃过程，在退化分支连锁反应机理基础上，把参与反应的所有成分归并为五类：各种自由基的总和 R，各种不稳定的中间产物的总和 Q，反应过程中进行链分支的自由基总和 B，燃料 RH 以及燃烧产物 Pr。整个燃烧反应过程被归结为一个八步反应机理，分别为：

链引发：$RH + O_2 \xrightarrow{k_q} 2\overline{R}$

链传播：$\overline{R} \xrightarrow{k_q} \overline{R} +$ 燃烧产物+热量

$\overline{R} \xrightarrow{f_1 k_q} \overline{R} + B$

$\overline{R} \xrightarrow{f_4 k_q} \overline{R'} + Q$

$\overline{R} + Q \xrightarrow{f_2 k_p} \overline{R} + B$

链传播：$B \xrightarrow{k_B} 2\overline{R}$

链传播：$\overline{R} \xrightarrow{f_3 k_q}$ 不起反应的成分

$2\overline{R} \xrightarrow{k_1}$ 不起反应的成分

其中，RH 为碳氢燃料(C_xH_y)；$\overline{R}$ 为各种不同自由基的总和；B 为链分支自由基总和；Q 为活性中间产物总和；k_q、k_p、f_1k_p、f_4k_p、f_2k_p、k_B、f_3k_p、k_t 为化学反应速率系数。

根据上面八个反应，并利用由试验测得的反应速率常数，可写出 RH、O_2、$\overline{R}$、B 和 Q 这五种成分的浓度变化速率方程以及温度变化速率方程，进而可进行求解[106]。

2.4.2 燃烧模型

柴油机缸内的燃烧过程不仅决定了柴油机经济性和动力性的好坏，还对排放指标有着决定性的影响。为了更好地了解燃烧过程的各个阶段，获得改善燃烧过程的途径，需要对燃烧过程进行研究。柴油机缸内的燃烧属于湍流燃烧，严格来说应同时存在预混燃烧和扩散燃烧两种燃烧方式。湍流对燃烧过程中的传热和传质有着不可忽视的作用，而化学反应是否能够产生，反应速度也受反应机理本身的影响，如温度、浓度等。因此，湍流模型和化学反应模型之间的相互作用是燃烧模型中的首要问题。而 Spalding 建立的 EBU 模型完全忽略了分子扩散和化学动力学因素的作用，只能用于预混燃烧，对同时存在预混燃烧和扩散燃烧的柴油机并不太适用[107]。Magnussen 等人在 EBU 模型基础上提出的一种可同时用于预混和扩散燃烧的模型[108]，其基本思想是：燃烧速率是由燃料和氧化剂在分子尺度上相互混合的速度所决定的，即有两种涡团的破损率和耗散率所决定。对于扩散燃烧，燃料和氧化剂分别形成两种涡团；对于预混合燃烧，两种涡团由已燃气体形成的热涡团和未燃混合气形成的冷涡团组成。燃烧在两种涡团的界面上进行，湍流燃烧的化学反应速率可用如下半经验关系式来描述，即：

$$\overline{R_{\mathrm{fu}}} = -\frac{B\rho\varepsilon}{k}\min\left(\overline{Y}_{\mathrm{fu}}, \frac{\overline{Y}_{\mathrm{Ox}}}{S}, \frac{C\overline{Y}_{\mathrm{pr}}}{1+S}\right) \tag{2.36}$$

式中，B、C 为经验系数；$\overline{Y}_{\mathrm{fu}}$、$\overline{Y}_{\mathrm{Ox}}$ 和 $\overline{Y}_{\mathrm{pr}}$ 分别为燃料、氧化剂和燃烧产物的平均质量分数；S 为氧化剂的化学计量系数。右边括号中前两项表明在火焰传播过程中，最大燃烧速率由当地燃空比所决定，而最后一项则表明燃烧速率还受已燃气与未燃气的混合速率所控制。ε/κ 为湍流动能耗散率与湍流脉动动能之比，它表明燃烧速率与柴油机转速有极大的关系。该式的物理意义表示燃烧反应只发生在湍流的微结构上，即 Kolmogorov 尺度的涡团上。一旦起控制作用的组分（括号内三项中最小者）的化学时间尺度大于 Kolmogorov 时间尺度，燃烧反应即会淬熄。

2.4.3 NO_x排放模型

氮氧化物（NO_x）的生成是一种非平衡现象，它主要取决于已燃气体中的温度梯度。由于在柴油机中高温高压的环境下，烃的氧化过程进行得十分迅速，再者，湍流火焰传播面厚度只有几个分子自由行程，非常薄，因此，可以近似地认为已燃气体是处于化学平衡状态，NO_x生成的速度远远低于燃烧速度，大部分 NO_x是在燃烧完成后才形成的，因此可以把 NO_x的生成过程与燃烧过程分开。在燃烧已达平衡态的假设下，就很容易算出 NO_x的生成率。

柴油机排放的氮氧化合物（NO_x）主要包括 NO 和 NO_2，但以 NO 为主，约占 95%以上，所以这里研究 NO 的计算。对于柴油机而言，NO 的生成主要有三种途径：

（1）高温途径，即在已燃区生成的热 NO，由空气中的氮分子在燃烧高温下形成。

（2）瞬发途径，即在火焰区生成的瞬发 NO，由碳氢化合物和空气中的氮气碰撞产生。

（3）燃料自身携带的 N，也会在高温燃烧的时候生成 NO。

柴油机的燃烧过程中，第二种和第三种 NO 的形成跟第一种热力 NO 相比可以忽略不计。因此，计算模型中，基于所考虑的基本反应是处在局部平衡的假定条件下的，应用扩展的 Zeldovich 机理描述热力氮氧化物的形成，反应机理可以由下式表示：

$$N_2 + O \underset{k_2}{\overset{k_1}{\rightleftharpoons}} NO + N \tag{2.37}$$

$$N + O_2 \underset{k_4}{\overset{k_3}{\rightleftharpoons}} NO + N \tag{2.38}$$

$$N + OH \underset{k_6}{\overset{k_5}{\rightleftharpoons}} NO + H \tag{2.39}$$

上面三个反应式的反应速率常数采用如下表示：

$$\left.\begin{aligned} k_1 &= 1.8\times10^{11}\exp\left(-\frac{38370}{T}\right);\quad k_2 = 3.8\times10^{10}\exp\left(-\frac{425}{T}\right) \\ k_3 &= 1.8\times10^{7}\exp\left(-\frac{4680}{T}\right);\quad k_4 = 3.8\times10^{9}\exp\left(-\frac{20820}{T}\right) \\ k_5 &= 7.1\times10^{13}\exp\left(-\frac{450}{T}\right);\quad k_6 = 1.7\times10^{14}\exp\left(-\frac{24560}{T}\right) \end{aligned}\right\} \tag{2.40}$$

分解空气中氮分子需要非常高的激活能量，这表明在高温条件下反应非常快。从原理上讲，热力 NO 形成主要由五种化学组分（O，H，OH，N 和 O_2）决定，而不取决于所使用的燃料。为了得到所需的基本物的浓度，一种复杂的反应机理可以来确定 NO 的浓度。试验和模拟计算分析表明在高温（T>1600K）时，正反应过程和逆反应过程的反应率是相等的。所考虑的反应状态是局部平衡的，反应耦合也是平衡的。应用这个假设，基本物的浓度可以用更容易测量的稳定分子浓度表示。局部平衡的假设在相当高的温度范围内可以得出比较满意的结果，因为在温度低于 1600K 时，局部平衡不能成立。

对于热 NO 的形成，可以运用局部平衡方法，所以前两个反应的平衡方程式可写为

$$k_1[N_2][O] = k_2[NO][N] \tag{2.41}$$

$$k_3[N][O_2] = k_4[NO][N] \tag{2.42}$$

根据偏平衡理论可以对（O、H、OH、N、O_2）进行近似推导，由稳定分子浓度能够计算出自由基浓度，NO 的生成则可以直接由下式表达：

$$N_2 + O_2 = 2NO \tag{2.43}$$

可以用 $k_f = k_1 \times k_3$ 来表示反应率，$k_b = k_2 \times k_4$ 表示逆反应率。在全反应过程中出现的化学组分也可以用在所给的单步燃料转换方程中。因此对于 NO 的

守恒方程的源项可由式（2.44）计算：

$$\frac{\mathrm{d}[\mathrm{NO}]}{\mathrm{d}t}=2k_{\mathrm{f}}[\mathrm{N}_2][\mathrm{O}_2] \tag{2.44}$$

反应过程中的反应率为：

$$k_{\mathrm{f}}=\frac{A}{\sqrt{T}}\exp\left(-\frac{E_{\mathrm{a}}}{RT}\right) \tag{2.45}$$

式中，A 为指前因子；E_{a} 为活化能。

2.4.4 碳烟排放模型

碳烟（soot），也称碳黑或碳粒，是柴油机排放微粒的主要组成部分，也是柴油机最重要的有害排放物之一。它主要是柴油机在高压燃烧条件下，局部高温、缺氧、裂解并脱氢而形成的以碳为主要成分的固体微小颗粒。碳烟的形成不仅要经历十分复杂的气相反应，还要经历从气态到固态的相变过程以及后续的颗粒生长和发展过程，从而涉及到颗粒动力学等相关领域。此外，碳粒生成之后，还会重新氧化。由此可见，碳烟的计算模拟与其他污染物比较是一项难度更大而更具挑战性的工作。

（1）碳烟的生成机理。在理想情况下，碳氢燃料燃烧生成 CO_2 和 H_2O。所需当量氧气量 $O_{2,st}$ 可以由下式计算：

$$\mathrm{C}_n\mathrm{H}_m+\left(n+\frac{m}{4}\right)\mathrm{O}_2\rightarrow n\mathrm{CO}_2+\frac{m}{2}\mathrm{H}_2\mathrm{O} \tag{2.46}$$

对于燃烧过程中实际所需的氧气量，可以用过量空气系数 $\lambda=\mathrm{O}_2/\mathrm{O}_{2,\mathrm{st}}$ 计算，或用等值率 ϕ 计算，如下式：

$$\phi=\frac{1}{\lambda}=\frac{\mathrm{O}_{2,\mathrm{st}}}{\mathrm{O}_2} \tag{2.47}$$

碳烟形成主要有四个过程：成核、凝结、表面成长和氧化。其中，在碳烟形成过程中，最主要的参数有局部空燃比（C/H 比率、C/O 比率）、温度、压力和滞留时间。

（2）碳烟生成的数学模型。碳烟的质量分数 ϕ_s 的守恒方程如下：

$$\frac{\partial}{\partial t}(\overline{\rho \phi_s}) + \frac{\partial}{\partial x_j}(\overline{\rho u_j \phi_s}) = \frac{\partial}{\partial x_j}\left(\frac{u_{eff}}{\sigma_s}\frac{\partial \overline{\phi_s}}{\partial x_j}\right) + S_{\phi_s} \tag{2.48}$$

碳烟生成速率定义为

$$S_{\phi_s} = S_{\mathrm{n}} + S_{\mathrm{g}} + S_{\mathrm{O_2}} \tag{2.49}$$

式中，S_{ϕ_s} 为守恒方程的源项；S_{n} 为晶核源项；S_{g} 为表面生长源项；$S_{\mathrm{O_2}}$ 为氧化源项。

晶核源项为

$$S_{\mathrm{n}} = C_{\mathrm{n}} \exp\left\{\frac{-(f - f_{\mathrm{n}})^2}{\sigma_{\mathrm{n}}^2}\right\} \tag{2.50}$$

式中，C_{n} 为最大晶核形成率，$1/(\mathrm{m^3 s})$；f 为混合物分数；f_{n} 为最大晶核率的混合物分数；σ_{n} 为预定义 f_{n} 变量。

表面成长源项为

$$S_{\mathrm{g}} = A \cdot F(f, \phi_{\mathrm{s}}) \cdot p^{0.5} \cdot \exp\left\{-\frac{E_{\mathrm{a}}}{RT}\right\} \tag{2.51}$$

式中，A 为预指数因子；E_{a} 为活化能；R 为通用气体常数，$\mathrm{J/(mol \cdot K)}$；p 为压力，bar；T 为温度，K；$F(f, \phi_{\mathrm{s}})$ 为表面生长率；f 为混合物分数；ϕ_{s} 为碳烟质量分数。

化学反应氧化源项方程：

$$S_{\mathrm{O_2}} = -F(\phi_{\mathrm{s}}, P_{\mathrm{O_2}}, T) \tag{2.52}$$

式中，ϕ_{s} 为碳烟质量分数；$P_{\mathrm{O_2}}$ 为氧气局部压力；T 为温度，K。

碳烟氧化源项可以根据 Nagle and Strickland-Constable 表示为

$$_1S_{\mathrm{O_2}} = -F(\phi_{\mathrm{s}}, P_{\mathrm{O_2}}, T) \tag{2.53}$$

根据 Magnussen and Hjertager 可表示为

$$_2S_{\mathrm{O_2}} = -F(\phi_{\mathrm{s}}, P_{\mathrm{O_2}}, \tau) \tag{2.54}$$

式中，τ 为积分湍流时间尺度。

2.5 本章小结

本章主要对柴油机燃烧过程的多维数值模型进行了阐述。首先介绍了流动过程的基本控制方程，包括质量守恒方程、动量守恒方程、能量守恒方程和组分守恒方程。对柴油机燃烧的仿真过程中所选用的数学模型进行了介绍，包括湍流模型，燃油喷雾相关的破碎、蒸发、相互碰撞以及碰壁模型，燃烧相关的点火和湍流燃烧模型，排放物相关的氮氧化物和颗粒物的生成机理和模型。论述了柴油机燃烧过程的反应机理，为后续建立仿真模型时初始条件及边界条件的设置以及各子模型的选择提供了理论上的支持。

第 3 章　柴油机燃烧模拟模型的建立及其验证

计算机技术的进步、数学的发展和燃烧模型的完善为柴油机工作过程的模拟提供了良好的条件。三维数值模拟对物理过程的描述和边界条件的描述确定比较接近实际，因而具有很大的发展前景。目前柴油机数值模拟计算已经取得了与实验结果十分吻合的计算结果，已经迅速发展并广泛应用。

本书应用 FIRE 软件建立直喷柴油机缸内流场和燃烧模型，获得大量柴油机缸内燃烧数据和排放数据，用来评价直喷柴油机的各项性能。在这里对本书计算的曲轴转角进行说明：0～720°CA 是柴油机一个工作循环的曲轴转角范围，其中 0～180°CA 是进气行程，180°CA～360°CA 是压缩行程，360°CA～540°CA 是燃烧膨胀行程，540°CA～720°CA 是排气行程；360°CA 是压缩上止点对应的曲轴转角。书中后面计算中的曲轴转角的定义也按照此规定。

3.1　柴油机参数

本书根据某型柴油机的技术参数，见表 3.1。为了减少计算时间，本次直喷式柴油机数值模拟过程没有对进气行程和排气行程进行模拟，而是从进气门关闭的时刻 220°CA 开始计算，到排气门开启时 480°CA 结束。

表 3.1　柴油机主要技术参数

项目	单位	技术指标
缸径	mm	132
行程	mm	145

续表

项目	单位	技术指标
额定转速	r/min	2100
连杆长度	mm	262
压缩比		17
喷孔直径	mm	0.3
喷油孔夹角	°	150
喷孔数	个	8

3.2 建立三维模型及生成计算网格

3.2.1 三维模型的建立

三维模型是进行数值模拟不可缺少的前提条件，燃烧室承担着燃油与空气进行混合并燃烧的功能，导流空气并加速进气涡流的旋转，在上止点附近形成挤流和逆挤流，促进混合气的形成；精确的燃烧室模型能够使结论更加接近实际。但是柴油机燃烧室几何结构非常复杂，难以完全按照真实实体建立三维模型。为了不使模拟结果与真实值之间有较大偏差，就要对模型结构细节进行简化，主要略去了过渡圆角、倒角等次要部分。同时没有考虑气门、气道等的影响，即燃烧室顶面——缸盖底面是完整的（没有气门）、垂直于活塞轴线的圆平面，燃烧室的底面即活塞的顶面，侧壁就是缸套的内表面。采用简单易用的三维建模软件 SolidWorks 建立燃烧室三维模型，如图 3.1 所示。

在 FIRE 软件进行模拟燃烧过程，计算量很大，需要耗费的时间较多。在 CFD（计算流体力学）中一般应用燃烧室模型的对称性特点进行简化处理。在做柴油机燃烧过程模拟时，一般采用喷油器的喷孔数来简化燃烧室模型，在计算过程中仅使用燃烧室的部分模型，这样可以大大减少计算量，缩短计算时间。

本书的燃烧室都具有对称性，采用八喷孔喷油器，在不影响计算结果的前提下，采用燃烧室的 1/8 模型进行计算。这样极大地缩短了工作时间，燃烧室的 1/8 模型如图 3.2 所示。

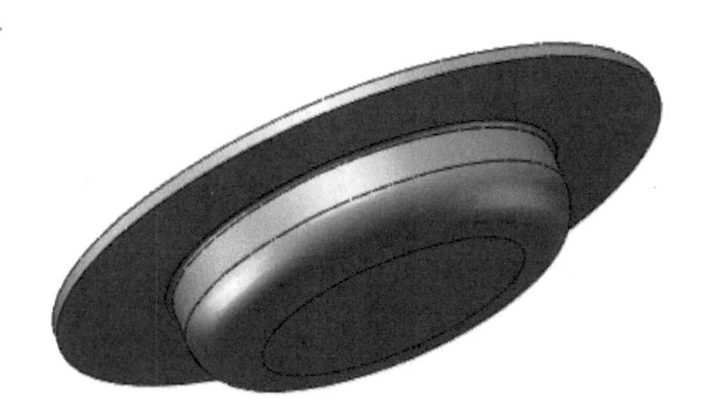

图 3.1 燃烧室三维模型

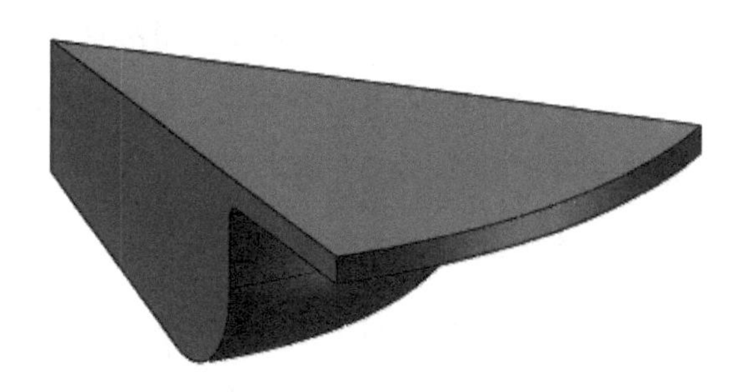

图 3.2 1/8 燃烧室三维模型

3.2.2 网格划分

流动与传热问题数值计算中采用的网格可以大致分为结构化网格与非结构化网格。结构化网格是指各网格节点依其序号存在着空间位置的对应关系。因此，节点序号也是其在计算空间的逻辑坐标。结构化网格又有正交与非正交之分，正交网格是指各簇网格线之间两两垂直，这种网格的剖分最为困难，对物理域的形状要求也最高，故应用最受限制。由于受到空间位置之间相关性的约束，结构化网格的形状也必须规整，一般为四边形（或六面体）。有限差分法及一些有限体积法采用这类网格。非结构化网格则是指各网格点的序号与其空间位置之间没有任何对应关系，节点序号仅仅是存储时的编号而已。这类网格的形状也很任意，在二维情况下可以是三角形、四边形或两者夹杂，对三维可以是六面体、四面体、金字塔形、屋脊形或者这些形式的混合。因此，非结构化网格可以适应于各种复杂结构，这是其最大的优点。采用非结构化的典型代表是有限元法，一些有限体积法也采用此类网格。一般来说，某种算法的通用性在很大程度上取决于所采用的网格系统。目前采用非结构化网格的 CFD 程序很受欢迎，而采用结构化网格的程序其通用性也大大加强，比如采用分块结构化网格。但从另一方面来看，非结构化网格系统虽然网格生成较简单，但在程序设计及方程离散方面却比在结构化网格系统中麻烦许多，而且在结构化网格下（尤其是正交网格下）求解的精度要比在非结构化网格下高。分块结构化网格就是说，当计算区域比较复杂时，即使应用网格技术也难以妥善地处理所求解的不规则区域，这时可以采用组合网格，又叫块结构化网格，在这种方法中，把整个求解区域分成若干小块，每一块中均采用结构化网格，块与块之间可以是并接的，即两块之间用一条公共边联接，也可以是部分重叠的。这种网格生成方法有结构化网格的优点，同时又不要求一条网格线贯穿在整个计算区域中，给处理不规则区域带来很多方便。因此，在目前的技术水平上，采用分块结构化网格的有限体积法，在程序的灵活性、通用性和计算的精确性、健全性方面能达到最好的折中。

合理的网格划分是保证计算合理性的前提条件，网格生成的好坏直接影响燃烧模拟的准确性。为了能够将三维模型导入 FIRE 中生成网格模型，首先要把 SolidWorks 中的 1/8 燃烧室模型以 STL 的文件格式输出，之后将输出的 STL 文件导入 FIRE 中生成网格模型。在 FIRE 中，面网格的生成方法主要有两种，一种是快速网格生成（即自动生成），一种是半自动网格生成。为保证生成质量较好的面网格，采用半自动网格生成法，首先对其结点进行重新划分，而后利用 FAME 技术，自动生成面网格，再手动对网格进行处理，使网格的划分均匀合理；再应用FAME中的旋转拉伸等工具生成体网格。

活塞在气缸内进行往复运动，冲程为145mm，需要按照FIRE的动网格处理规则生成动网格。在活塞行程中几个典型位置的燃烧室网格必须生成，如活塞在下止点的网格模型和活塞在上止点的网格模型等。考虑到工作时气缸容积的变化，将整个气缸容积分为燃烧室容积和活塞顶上部的移动容积。当活塞在上、下止点范围内移动时，只有活塞顶上部的气缸容积发生变化，而燃烧室容积不发生变化。因此，将计算模型网格分为燃烧室空间网格（其网格不发生变化）和活塞顶上部可变空间网格（网格发生变化）。并根据气缸容积的变化特点，为了减少网格数目和计算工作量，在压缩过程中将圆柱形可变空间网格进行了两次再分区，膨胀过程中的网格数与压缩过程的相对应。这样随活塞的移动，活塞顶上部气缸容积的网格大小成比例地压缩或拉伸变化，其网格数目也随之变化，而燃烧室内部网格大小和数目则保持不变。利用Checks命令检查网格质量，确认没有具有负法向量和负体积的网格。计算时，根据活塞在气缸内的不同位置，FIRE软件可自动选用不同的计算网格。采用笛卡尔坐标随曲轴转角变化的动网格子程序进行网格的增删，动网格建立后进行动态检查，在网格通过检查后定义下一步边界条件。燃烧室的网格数在下止点（180°CA）为84816个，上止点（360°CA）为28272个，网格模型如图3.3所示。

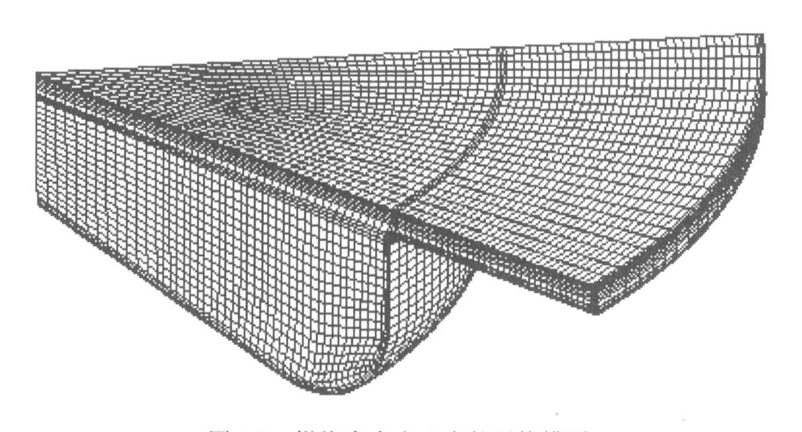

图3.3 燃烧室在上止点的网格模型

3.3 确定计算条件

3.3.1 确定初始计算条件

在 FIRE 软件中，对柴油机工作过程的模拟计算是以曲轴转角为计算步长，步长的选择对结果准确度有较大影响。本次直喷式柴油机工作过程模拟没有对进气冲程和排气冲程进行模拟，而是从进气门关闭的时刻（220°CA）开始计算，到燃烧喷雾过程结束，直到排气阀打开（480°CA）为止，压缩上止点定义为 360°CA，这样可以减少计算时间。假设初始时刻缸内的压力、温度均匀分布。假定活塞、缸盖和缸套的温度不变，其中初始温度 328.98K，初始压力 28775Pa，气门最大升程 0.011m，所需其他技术参数可由表 3.1 得到。按以下经验公式估计湍流动能（TKE）和湍流长度尺度（TLS）。

湍流动能（TKE）根据以下公式计算得到：

$$TKE = (3/2) \cdot u^2 \tag{3.1}$$

$$u = 0.5 \times 2 \times h \times \left(n/60\right) \tag{3.2}$$

式中，u 为湍流波动速度，m/s；h 为冲程；n 为柴油机转速，r/min。

湍流长度尺度（TLS）根据以下公式计算得到：

$$TLS = h_{\mathrm{v}} / 2 \tag{3.3}$$

式中，h_{v} 为气门最大升程。

3.3.2 确定边界条件

边界条件对计算精度和计算速度有重要的影响。如何确定复杂的边界条件是实现高精度数值模拟的关键问题，在本书柴油机工作过程的数值模拟中，比较容易确定流动的边界条件，而与传热相关的复杂边界条件很难确定。本书使用固体壁面边界条件，在燃烧室模拟计算中，活塞顶面、缸盖底面和气缸壁面组成了整个固体壁面，活塞顶面存在凹坑。

（1）速度边界条件的确定。固定壁面速度边界条件包括自由滑移、无滑移和壁面函数规律。若流体无黏性，一般使用自由滑移条件，壁面处的流体相对于壁面可以存在切向速度，但法向速度必须一致；若流体有黏性，使用无滑移条件，壁面处流体的速度与壁面速度相等，在本书中，缸盖底面和气缸壁面为固定壁面，选择无滑移边界条件，活塞顶面也选择无滑移边界条件。

（2）温度边界条件的确定。一般使用壁面温度来描述壁面温度边界条件。当壁面温度已知时，壁面上气流速度和流体的成分也是已知的，因此壁面总焓可以计算得出。还可以使用壁面热流密度来作为温度边界条件，若给壁面上的热流密度已知，在靠近壁面的流体层中，热传导是换热的主要方式，可以计算出壁面处法向温度梯度。若壁面绝热，其法向温度梯度为零。恒温边界条件一般不考虑活塞运动和缸内燃烧对边界温度的影响，分别取活塞顶面、缸盖底面和气缸壁面的平均温度作为其对应的边界温度。本书直接给定壁面温度。其中，活塞顶面为移动边界，气缸壁面和缸盖底面为固定边界，活塞顶面温度为593K，缸盖壁面温度为583K，气缸壁面温度为490K。

（3）喷雾边界条件的确定。当喷雾液滴碰撞在固定壁面上时，令其速度等于壁面速度。为了计算气体的物质传播和热传播，设液滴和壁面之间没有热传导。

3.4 确定计算模型

运用经典流体力学可压缩黏性流体方程来描述气缸内气相流动模型。即根据质量、能量、动量守恒方程和理想气体状态方程，运用微分方程组求解输运问题和缸内气体状态问题。本书应用 FIRE 软件计算时，气体流动模型选用 $\kappa-\varepsilon$ 模型，油雾壁面作用模型选用 Walljetl 模型，破碎模型选用 WAVE 模型，蒸发模型选用 Dukowicz 模型。燃烧模型选用 EBU（Eddy Breakup

Model）模型，着火模型选用 Shell 着火模型。排放 NO_x 生成模型使用 Heywood Radiation Correction 模型，微粒的生成和氧化模型使用 Kennedy-Hiroyasu Magnussen 模型。

3.5 性能仿真模型的验证

利用 AVL FIRE 软件，建立该型柴油机燃烧仿真模型；依据原机工况的台架试验测得的主要性能数据，选择仿真模块并进行参数校核设置，为了验证计算模型的有效性，将计算结果与所采集的实际缸内压力进行比较，对计算模型参数进行调整。图 3.4 为某一工况时数值模拟结果与试验测试结果的比较，从中可以看出，计算结果与试验结果在曲线形状上基本相同，表明所建立的模型是合理的，使得仿真模型能够比较真实地模拟柴油机的实际工作情况；以此模型为基础进行模拟分析柴油机缸内喷雾与燃烧等过程，得到缸内温度等随曲轴转角的变化曲线，为柴油机活塞烧蚀计算提供边界条件。

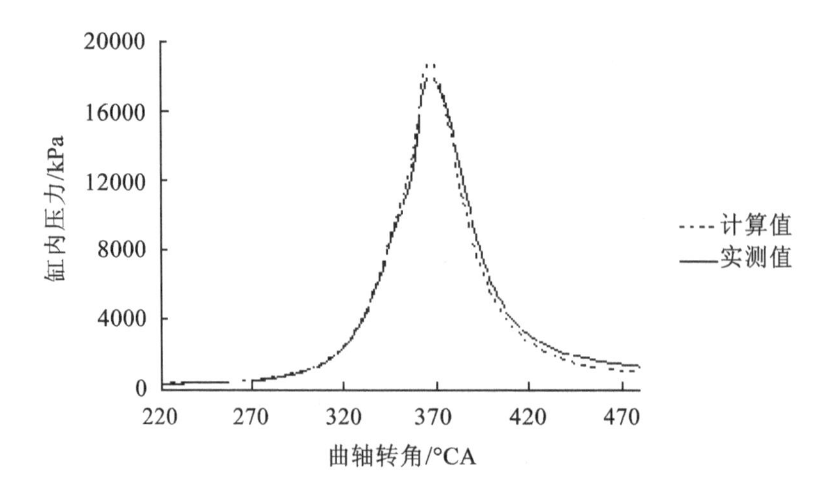

图 3.4　数值模拟与试验测量结果对比

3.6 本章小结

本章根据某型柴油机的技术参数，进行了几何模型的建立和网格划分，生成了计算缸内燃烧的动网格模型，确定了计算的初始参数和边界条件，并对整个燃烧过程涉及的计算模型进行了选取。对模拟计算得出的缸内压力曲线和实验缸内压力曲线进行了对比验证，误差范围在允许范围内，证明了计算模型和方法的合理性。

第 4 章　燃烧室形状对柴油机性能的影响

直喷式柴油机燃烧室的形状对混合气的形成和燃烧过程质量及污染物排放水平有非常重要的影响。通过改进燃烧室的几何形状，有效利用进气涡流在燃烧室内形成的挤流和湍流，可以改善燃烧过程的质量，对降低有害物排放具有重要意义，同时还能提高柴油机的经济性和动力性。针对这一情况，在保证压缩比不变的前提下设计了三种不同形状的燃烧室，分别为 A 型、B 型和 C 型，压缩比都为 17，同时设计时考虑到凸台和缩口对流场和燃烧的影响，其燃烧室结构简图如图 4.1 所示。运用 FIRE 软件对三种不同形状燃烧室的燃烧过程进行了模拟计算，分析了燃烧室形状对柴油机燃烧及排放的影响，为柴油机燃烧室结构改进提供了有力的依据。

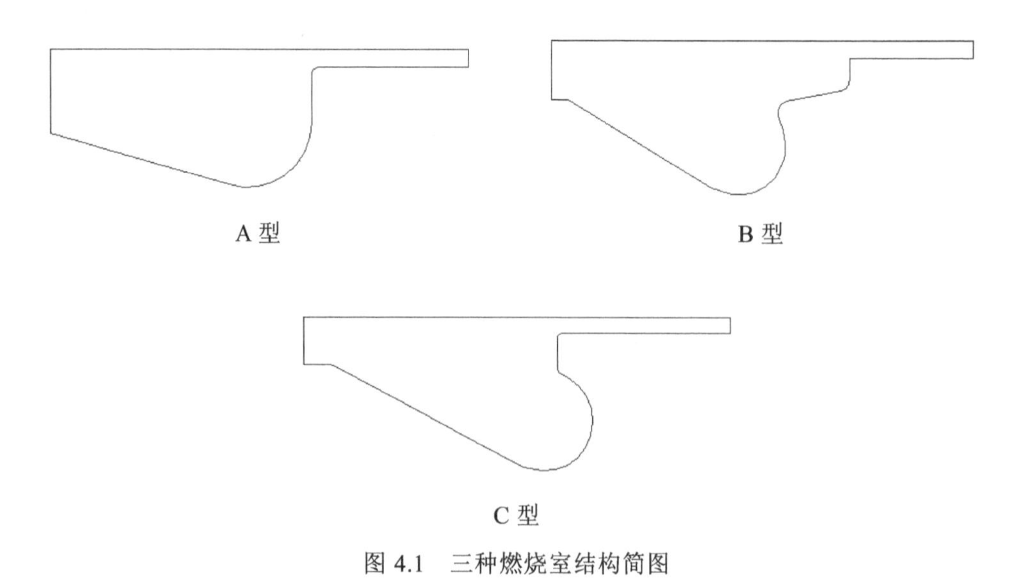

图 4.1　三种燃烧室结构简图

采用笛卡尔坐标随曲轴转角变化的动网格子程序进行网格的增删，动网格建立后进行动态检查，在网格通过检查后定义下一步边界条件。A 型燃烧室的网格数在下止点（180°CA）为 84816 个，上止点（360°CA）为 28272 个；B 型燃烧室的网格数在下止点为（180°CA）为 79600 个，上止点（360°CA）为 23600 个；C 型燃烧室的网格数在下止点（180°CA）为 81200 个，上止点（360°CA）为 24080 个。A 型、B 型和 C 型燃烧室在上止点的网格模型如图 4.2 所示。

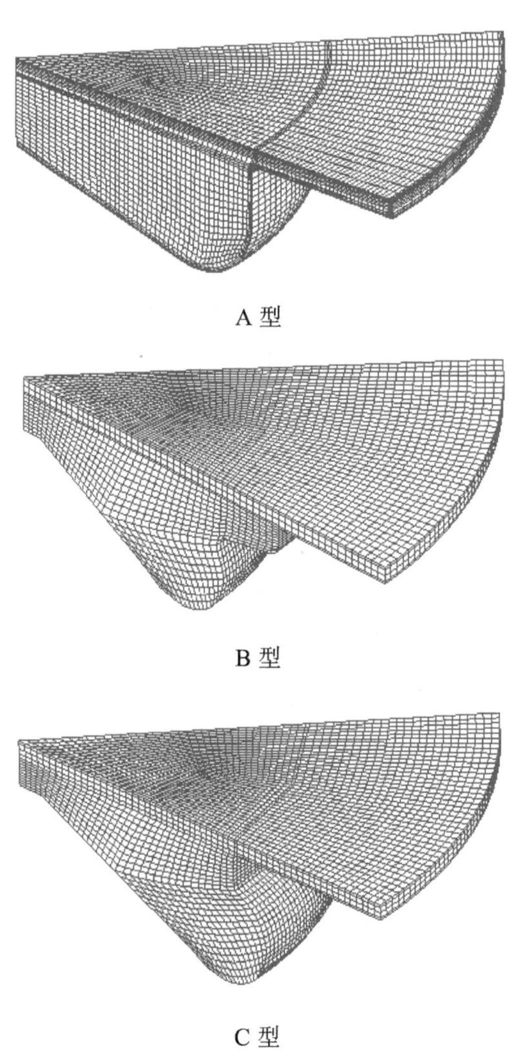

A 型

B 型

C 型

图 4.2　燃烧室在上止点的网格模型

4.1 燃烧室形状对混合气形成过程的影响

在柴油机中，喷入燃烧室的燃油与空气的混合对于柴油机的燃烧过程以及排放具有非常重要的意义。缸内空气运动对混合气体的形成及燃烧过程有重要影响。对缸内流场进行分析，有助于正确理解燃烧室形状对燃烧过程及排放的影响。在此通过分析气缸内的速度场、温度场和浓度场等分布变化规律，来研究燃烧室结构形状对缸内混合气体形成和燃烧过程的影响。

4.1.1 缸内气流运动分析

柴油机缸内气体流动具有高度的不确定性和循环变化的随机性，是复杂的湍流运动。这种运动是柴油机燃烧过程中物理化学反应的基础。FIRE 软件的切片图可以很清楚地了解气缸内的气流运动的速度和范围，速度场切片图如图4.3 所示。

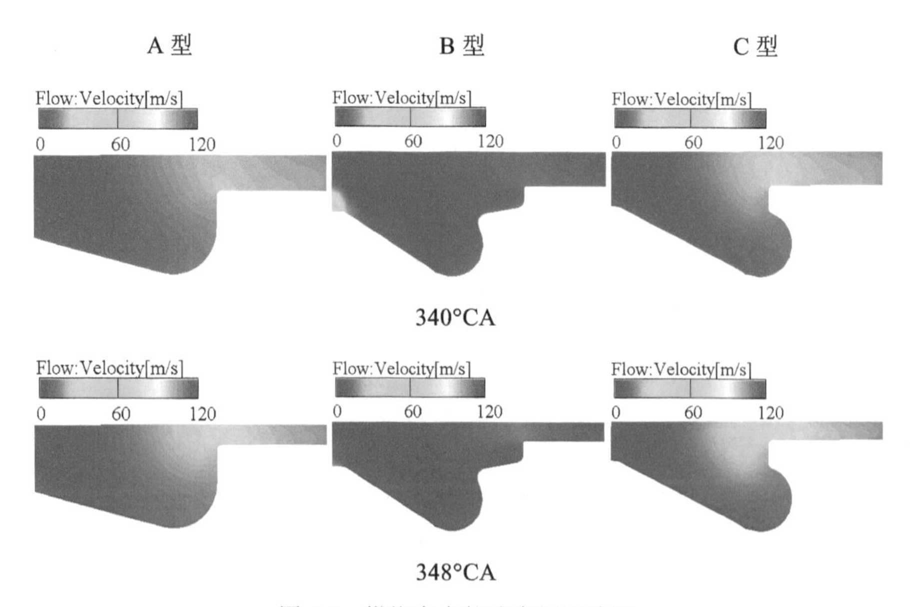

图 4.3 燃烧室内的速度场切片图

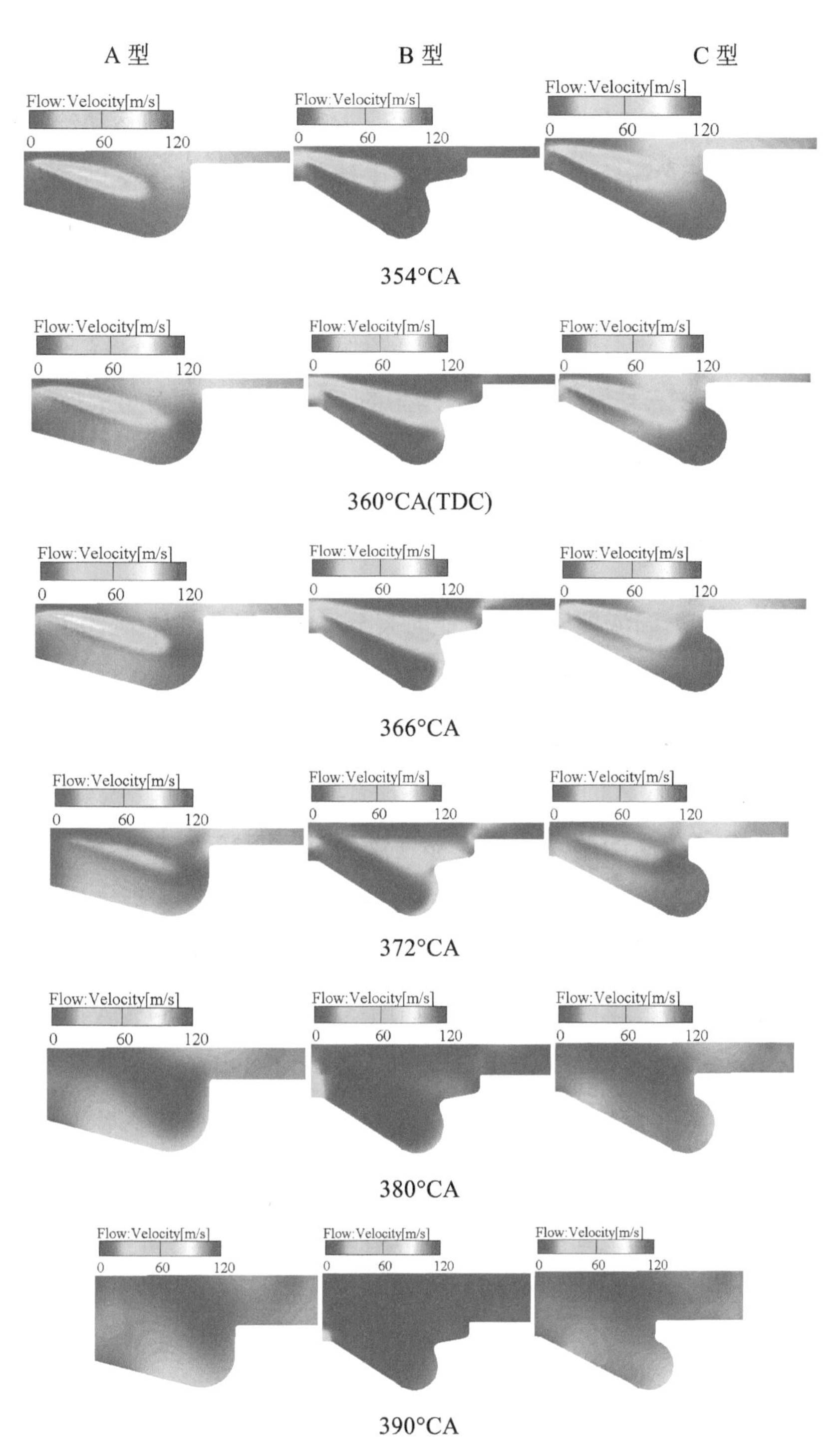

图 4.3 燃烧室内的速度场切片图（续）

从图 4.3 中可以得到，A 型燃烧室内气流运动速度最快，但气流运动分布不均，只在燃烧室底部具有较强的气流运动，燃烧室上部气流运动较弱，不利于燃油与空气的均匀混合。B 型燃烧室由于侧面设有一个凸台，在 354°CA、360°CA(TDC)、366°CA 和 372°CA 时均有明显的燃油碰壁现象，燃油撞击凸台后分裂成上下两个涡流团，使流场分布比较均匀，其活塞中心部位的速度是最高的。C 型燃烧室设置有缩口，加强了气缸内的挤流和逆挤流，在 354°CA 时气缸内的气流在三种燃烧室中是最均匀的，即在喷射初期对形成均匀的混合气有利。

4.1.2 动能分析

本书采用 $\kappa-\varepsilon$ 湍流模型，湍动能的大小不但对混合气体的形成有重要的影响，而且对着火也有重要影响。

三种燃烧室的平均湍动能如图 4.4 所示，湍动能较小有利于在着火期形成稳定的火核，而较大的湍动能有利于混合气体的形成和加速火焰的传播，在燃烧后期保持较高的湍动能，能够使燃烧进行得较为充分，提高燃烧热效率。通过图线对比可以得到 B 型燃烧室的平均湍动能是最大的，说明凸台的设计能够提高气流强度，而 A 型和 C 型燃烧室的平均湍动能曲线基本重合。在着火区和燃烧初期的湍动能如图 4.5 所示，在 354°CA 时，B 型燃烧室和 A、C 型燃烧室的湍动能相差不大，此时喷射的动能对湍动能影响较大，但 B 型燃烧室的湍动能分布区域更加广泛，比较符合着火初期对湍动能的要求。在喷射结束后，没有高速喷雾的影响，燃烧室形状对湍动能的影响更加明显，通过图 4.4 所示的图线能够得到燃烧后期的湍动能变化，B 型燃烧室在燃烧后期仍然保持较大湍动能，混合气体燃烧比较充分，燃烧热效率较高。

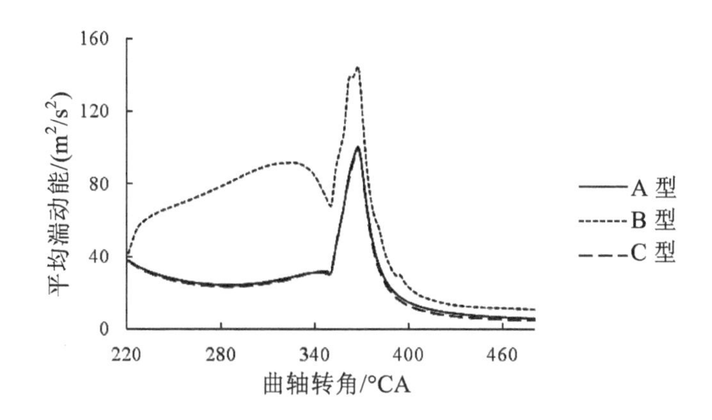

图 4.4 三种燃烧室的平均湍动能

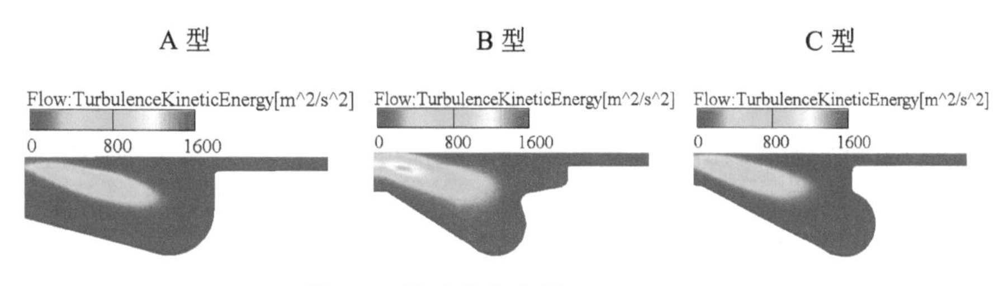

图 4.5 湍动能分布图（354°CA）

4.2 燃烧室形状对燃烧过程的影响

燃烧室内混合气体着火燃烧时，气缸内的温度、压力会迅速增加，温度压力又反过来影响燃烧过程。混合气体浓度的分布情况对燃烧也有着重要影响。燃烧过程的质量决定了柴油机的性能和排放水平。通过分析温度、浓度和压力等气缸内重要物理量的变化，得到柴油机的燃烧质量的差异，为柴油机性能分析提供重要数据信息。在同样的喷射规律下，不同燃烧室形状对温度、压力和浓度有重要影响，进而影响柴油机的性能和排放水平。本书通过对比分析温度场、浓度场和压力场的差异，得到不同燃烧室形状与柴油机性能之间的关系。

4.2.1 缸内温度、浓度和压力分析

燃烧室内温度和压力的变化不仅能够反映燃烧发展的速度，而且能够推测出有害产物的产生区域。本书选用当量比来表明浓度的变化，当量比是燃料与供给空气质量比除以二者理论上完全燃烧的质量比，即在数值上当量比是过量空气系数的倒数。

图 4.6 和图 4.7 分别为不同燃烧室在燃烧阶段缸内平均温度和平均压力曲线，从对比图中可以看出，在上止点前三种燃烧室的压力、温度曲线基本重合，此时燃烧并不剧烈，燃油进行先期氧化和局部着火，参加的燃烧的油量较少。在上止点后燃烧充分发展，压力、温度曲线各有不同。A 型燃烧室内的急燃期要早于 B 型和 C 型燃烧室，开始所能达到的最高平均温度要小于 C 型燃烧室，在燃烧后期，燃烧不均匀，压力和温度下降速度最快。B 型和 C 型燃烧室缸内温度和压力同时开始迅速上升。B 型燃烧室的温度压力的上升速度要比 A 型和 C 型燃烧室要慢，缸内达到的最高温度和最大压力也要低于 A 型和 C 型燃烧室，B 型燃烧室设置有凸台，燃油喷射过程中由于油束碰壁所形成的油膜最多,但是燃油射流在撞击壁面后分裂并形成双向卷流进行混合与燃烧，在燃烧室中部也形成强烈的挤流，使整个燃烧室的油气混合得更为均匀，燃烧比较均匀，所以在燃烧前期缸内压力和温度低于 A 型燃烧室，但在燃烧后期又高于 A 型燃烧室。C 型燃烧室采用了缩口设计，改变了气缸内气体的流动，加强了气缸内的挤流和逆挤流强度，促进了燃料与新鲜空气的进一步混合，使混合气的燃烧更加充分，所以压力和温度上升快，在燃烧的中后期温度和压力比其他两型燃烧室要高。A 型燃烧室在 377°CA 达到最高温 1741K；B 型燃烧室在 379°CA 达到最高温度 1703.76K；C 型燃烧室 378.5°CA 达到最高温度 1793.11K。

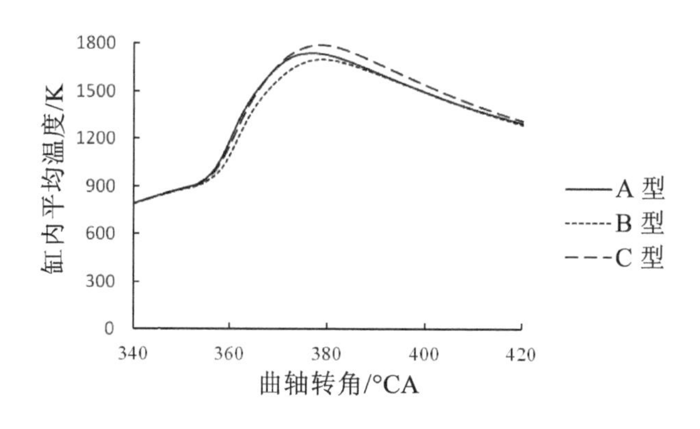

图 4.6　缸内平均温度

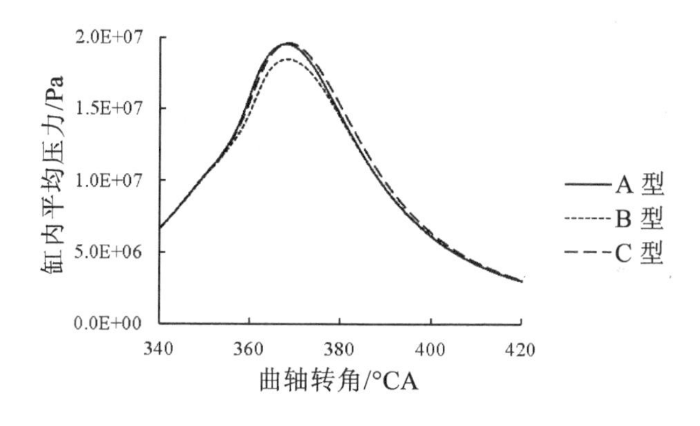

图 4.7　缸内平均压力

温度场和浓度场能够清楚地查看燃料的分布、燃烧状况。选择典型时刻，能够了解燃烧室内的燃烧进程和燃烧室形状对燃烧过程的影响。三种燃烧室在上止点时刻的浓度场和温度场的对比如图 4.8 所示。在上止点时刻，B 型燃烧室在凸台壁面处浓度值较大，油束在凸台处碰壁，燃油破碎并形成涡流加速燃油扩散；从温度场中可以看出，B 型燃烧室此时燃烧程度要强于 A 型和 C 型燃烧室，由于 B 型燃烧室的湍动能较强和速度场分布均匀，燃烧初期的气缸内的燃烧扩散迅速燃烧分布范围最为广泛。A 型和 C 型燃烧室的浓度和温度分布情况基本一致，浓度和温度较高区域都集中在燃烧室中部，且分布范围不如 B 型燃烧室广泛，说明此时刻 B 型燃烧室燃烧程度较强。

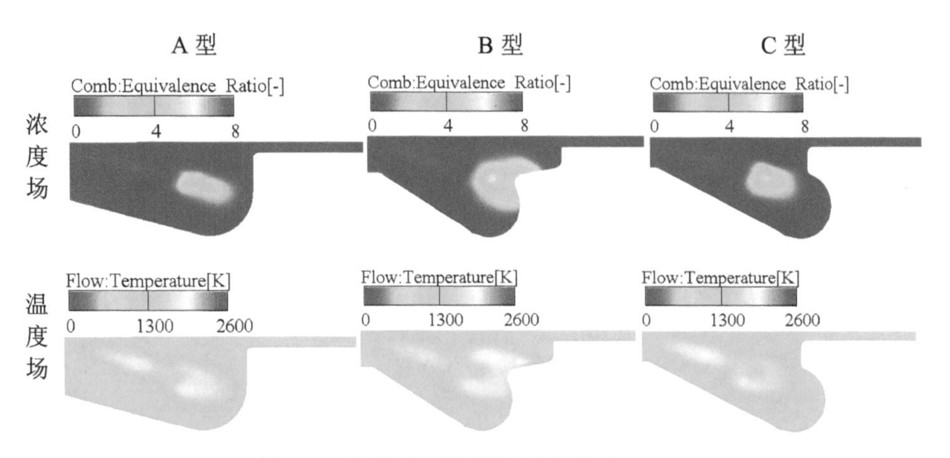

图 4.8 浓度场和温度场对比图（360°CA）

燃烧室内温度在 378°CA 附近最高，因此，选取此时刻的浓度场和温度场的分布图进行对比分析，浓度场和温度场的对比如图 4.9 所示。通过图 4.9 可以查看平均温度最高时刻的浓度和温度在此时刻的分布情况。A 型燃烧室的底部和壁面浓度较高，燃料在活塞底部和壁面堆积，是因为气缸内的气流集中在上部，底部气流较弱，这个区域燃油和空气的混合不充分；高温区域与燃油密集区域基本重合，燃烧室底部和壁面处温度较高，燃烧主要发生在这个区域。B 型燃烧室设置有凸台，油束有明显的撞壁现象，形成上下两个涡流团，燃料主要分布在凸台上下两个方向，燃料在强涡流的作用下分布比较均匀；温度场的分布和浓度场分布情况一致，主要在凸台处和上下两侧，形成了一个倾斜的燃烧带，燃烧区域内温度在三个燃烧室内最低。C 型燃烧室浓度值较为分散，燃料没有堆积现象，说明燃料混合情况较好和燃烧最充分；温度分布也比较均匀，高温度区域和主要分布在缩口周围，说明此处燃烧较强。

柴油机燃烧时间比较短，在燃烧后期总有一些燃料不能及时燃烧。通过观察温度场和浓度场的切片图，可以了解燃烧情况和燃料的剩余量。在 393°CA 时刻的浓度场和温度场如图 4.10 所示。通过观察，A 型燃烧室在底部浓度值较大，这个区域燃料仍然较多；温度比图 4.9 中较低，但高温区域的温度在 2000K 以上，燃烧没有停止，在燃烧室凹坑和壁面区域内发生。B 型燃烧室在凹坑底部和凸台壁面也有燃料聚集，温度在凸台上方和凹坑内较高，燃烧仍在发生。C型燃烧室内燃料没有明显聚集情况，说明燃料在挤流和逆挤流的作用下分布比较均匀，燃烧较为充分，温度较高区域主要及集中在缩口周围，温度最高，燃烧强度仍然最强，并且燃烧范围也比较广。

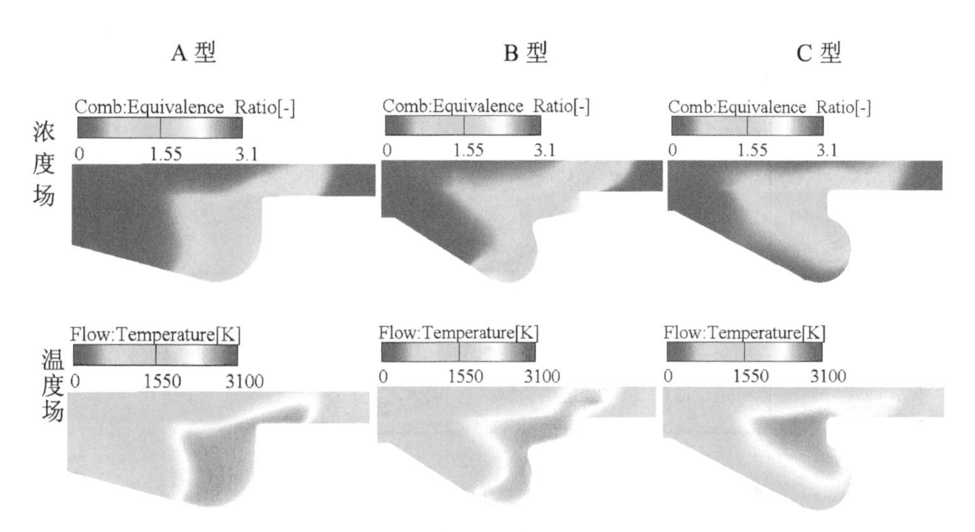

图4.9 浓度场和温度场对比图（378°CA）

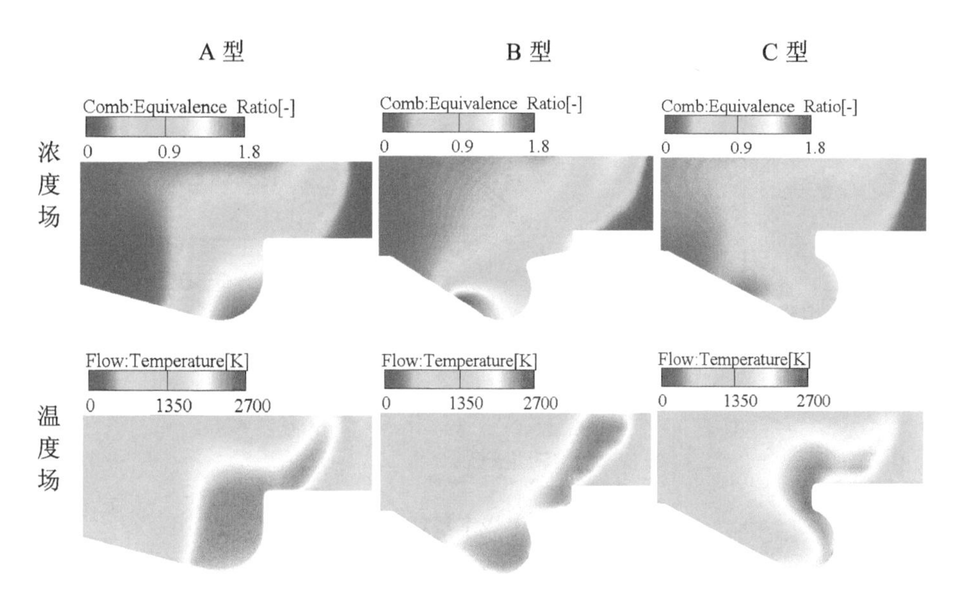

图4.10 浓度场和温度场对比图（393°CA）

4.2.2 燃烧放热分析

燃烧累计放热反映燃烧的充分程度，放热率能够反映燃烧剧烈程度。通过对比分析可以了解燃烧的差异。放热率曲线如图 4.11 所示，累计放热曲线如图 4.12 所示。

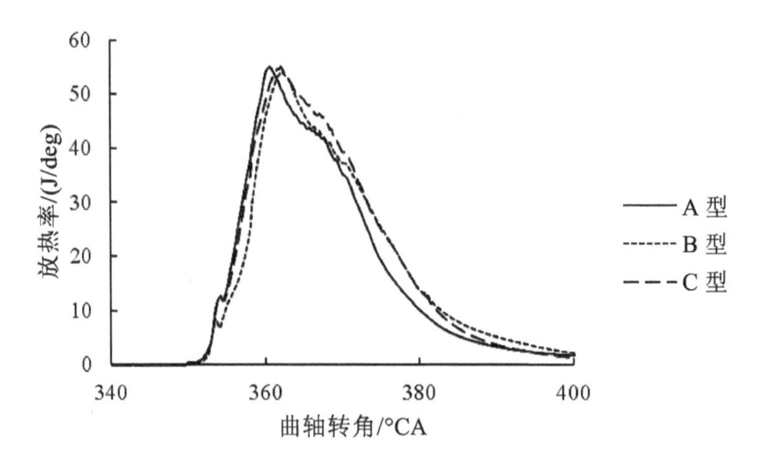

图 4.11 不同燃烧室放热率

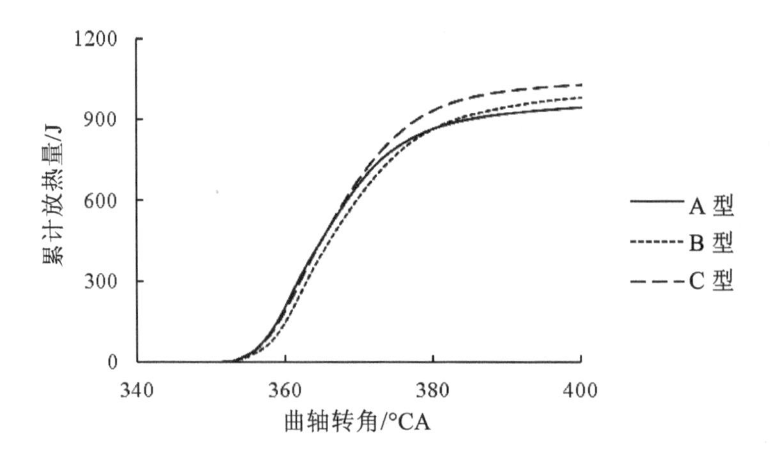

图 4.12 不同燃烧室累计放热量

由图 4.11 和图 4.12 可知，A 型燃烧室放热率曲线最陡峭，放热比较集中，燃烧室内容易产生瞬时局部高温，但累计放热是最小的，燃料燃烧不充分。B型燃烧室放热率曲线最平缓，放热缓慢，燃烧室内温度最低，燃油碰壁现象比较明显，不利于燃烧，燃烧后期放热率下降最慢，累计放热量比 A 型燃烧室大。C 型燃烧室急燃期开始较晚，但放热较快，累计放热量最大，气缸内温度最高，说明燃烧前燃料和空气混合较为均匀，燃烧充分。

4.3 燃烧室形状对排放的影响

柴油机的排放标准日益严格，降低有害物排放成为研究的重要内容。本书主要考虑氮氧化合物（NO_x）和碳烟（Soot）排放。此外，还对排气门开启前期的缸内温度进行了分析。

4.3.1 氮氧化合物排放分析

氮氧化合物（NO_x）主要在高温区域产生，生成的氮氧化合物绝大多数是NO。三种燃烧室内 NO 的质量分数如图 4.13 所示。A 型燃烧室最终的 NO 的质量分数最大，C 型次之，B 型最少。三种燃烧室内 NO 的质量分数在上止点后几乎同时急剧增加，A 型燃烧室的上升速度最大，C 型次之，B 型最小。由图 4.11 和图 4.12 可知，A 型燃烧室放热率曲线最陡峭，放热比较集中，燃烧室内容易产生瞬时局部高温，因而生成大量 NO，缸内 NO 的质量分数最大。C 型燃烧的放热量最大，缸内平均温度也最高，累计放热也最高，故缸内 NO 的质量分数也要大于 B 型燃烧室。B 型燃烧室燃烧平缓，累计放热小于 C 型，缸内 NO 的质量分数最小。

燃烧室内 NO 质量分数分布如图 4.14 所示，通过对比分析可以得到 NO 的生成区域和变化趋势。由图 4.13 和图 4.14 可知，在 372°CA，三种燃烧室产生少量 NO，生成量之间没有明显差异。在 380°CA，此时燃烧最为剧烈，气缸内温度较高，NO 生成量较大且三种燃烧室有明显不同，C 型最多且主要集中在缩口附近区域，A 型次之，B 型最少；生成区域与图 4.9 所示温度场的高温区域一致，这与 NO 的生成条件相符。在 390°CA，这时缸内 NO 质量分数增加速度减缓，而 NO 由集中区域向周围扩散，高浓度区域有所减小，集中程度降低。在 390°CA，NO 的质量分数不再增加，即生成量不再增加，继续向周围低浓度区域扩散，集中程度进一步降低，没有明显的高浓度区。

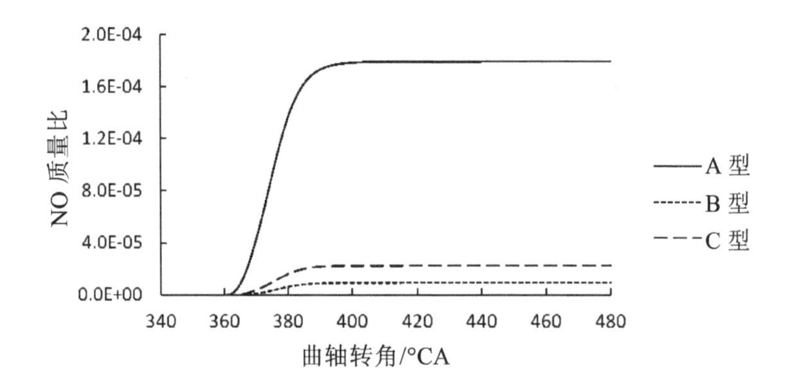

图 4.13　不同燃烧室 NO 质量分数

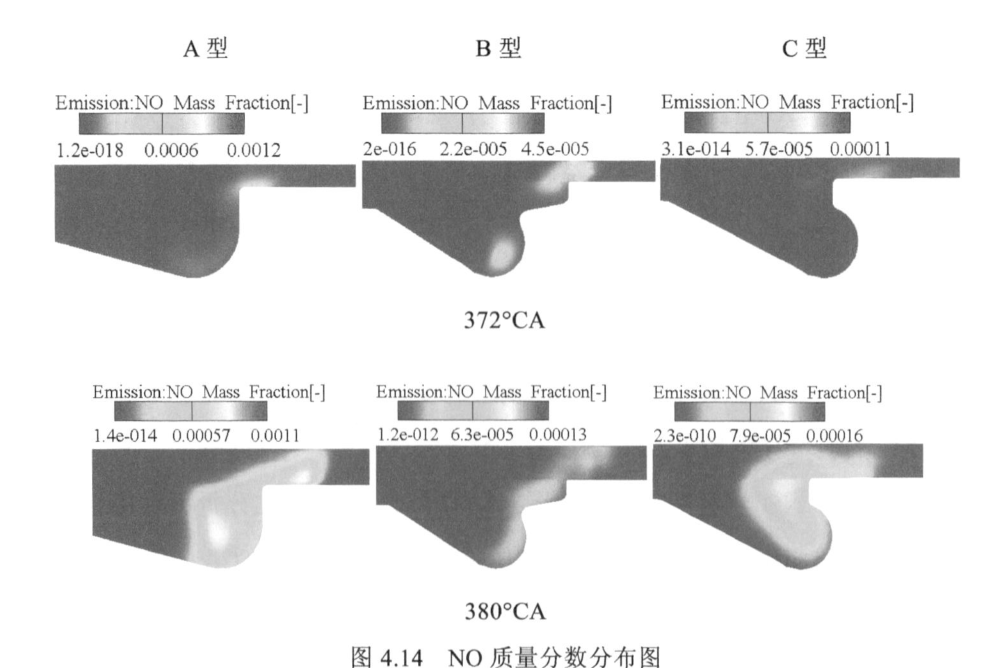

图 4.14　NO 质量分数分布图

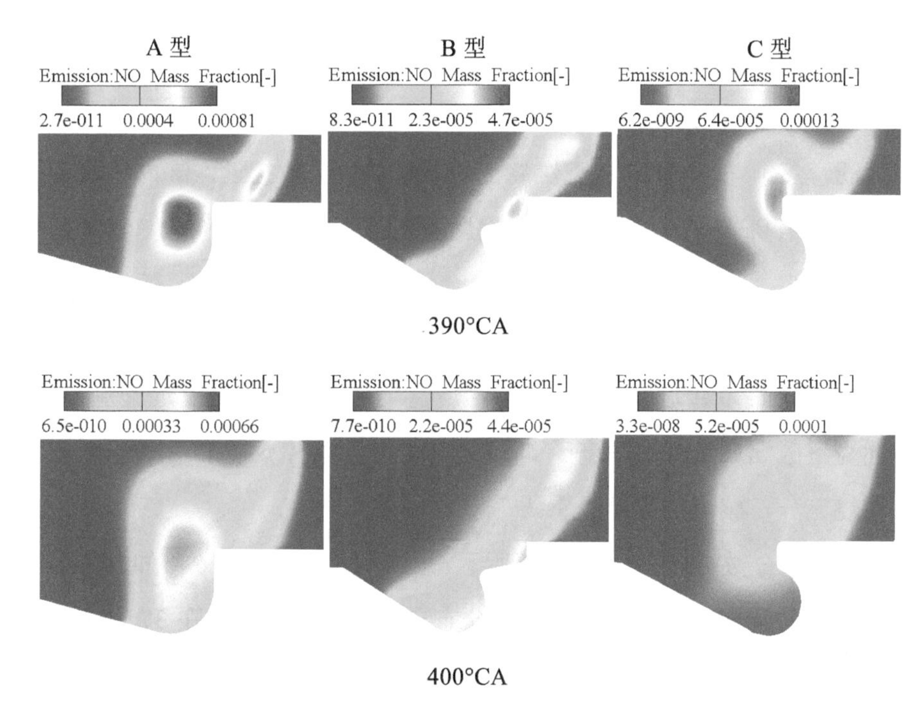

图 4.14 NO 质量分数分布图（续）

4.3.2 碳烟排放分析

碳烟主要是燃料未完全燃烧形成的，局部空燃比对碳烟生成有重要影响。缸内碳烟质量分数变化如图 4.15 所示。

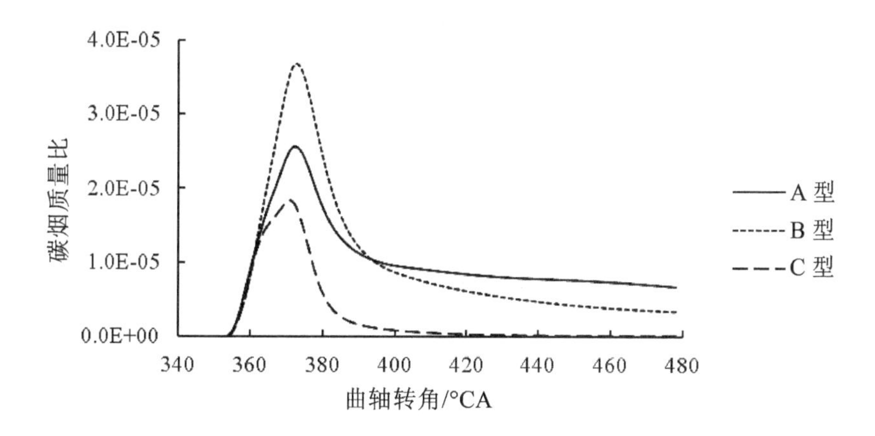

图 4.15 碳烟质量分数曲线图

由图 4.15 可知，三种燃烧室内碳烟几乎在同一时刻开始迅速增加，B 型燃烧室内的碳烟在燃烧前期生成量较大，远远高于 A 型和 C 型的生成量，但燃烧后期，逐渐与 A 型和 B 型燃烧室的碳烟质量分数接近，缸内碳烟质量分数在最后只稍高一些，这是因为 B 型燃烧室有明显的燃油平碰壁现象，凸台壁面形成油膜，不利于空气和燃油的混合，燃料不能充分燃烧，随着缸内温度提高和气流继续运动，在后燃期时缸内未燃气体能够及时得以燃烧，碳烟排放逐渐和 A 型燃烧室接近。A 型和 C 型燃烧室碳烟质量分数变化过程基本相同，A 型燃烧室碳烟质量分数稍高于 C 型，而 C 型燃烧室燃料和空气混合较为均匀，燃烧充分，碳烟生成量最小。

碳烟质量分数分布图如图 4.16 所示，由图 4.15 和图 4.16 可知，在上止点三种燃烧室内碳烟生成量相差不大，分布在较小的区域内。在 372°CA，B 型燃烧室形成了一个斜向的碳烟密集区域，碳烟和燃料浓度场分布情况一致，这是由于燃料在凸台处有明显的碰壁，形成油膜燃烧不充分。喷油结束后，燃烧继续进行，未燃燃料能够继续燃烧，碳烟浓度降低。

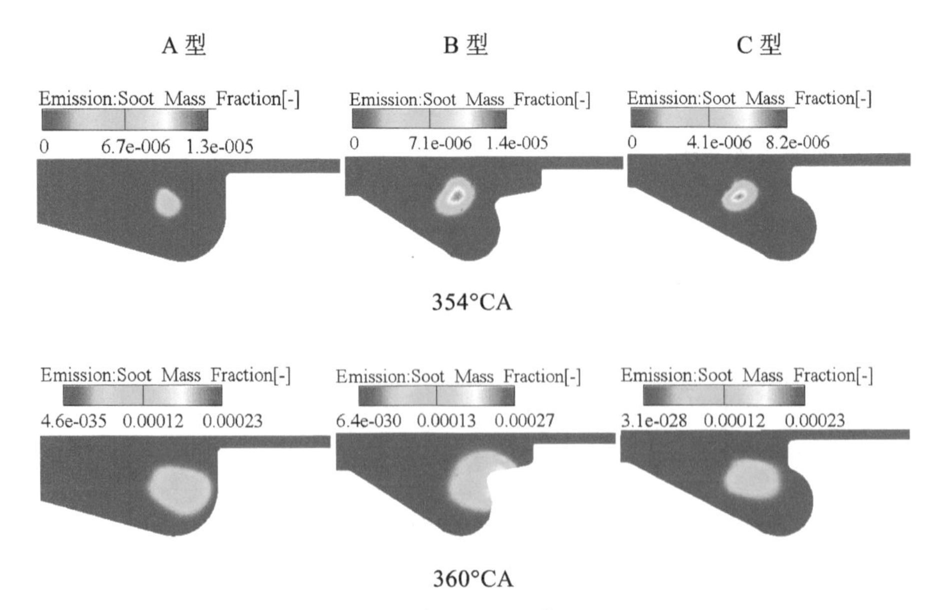

图 4.16 碳烟质量分数分布图

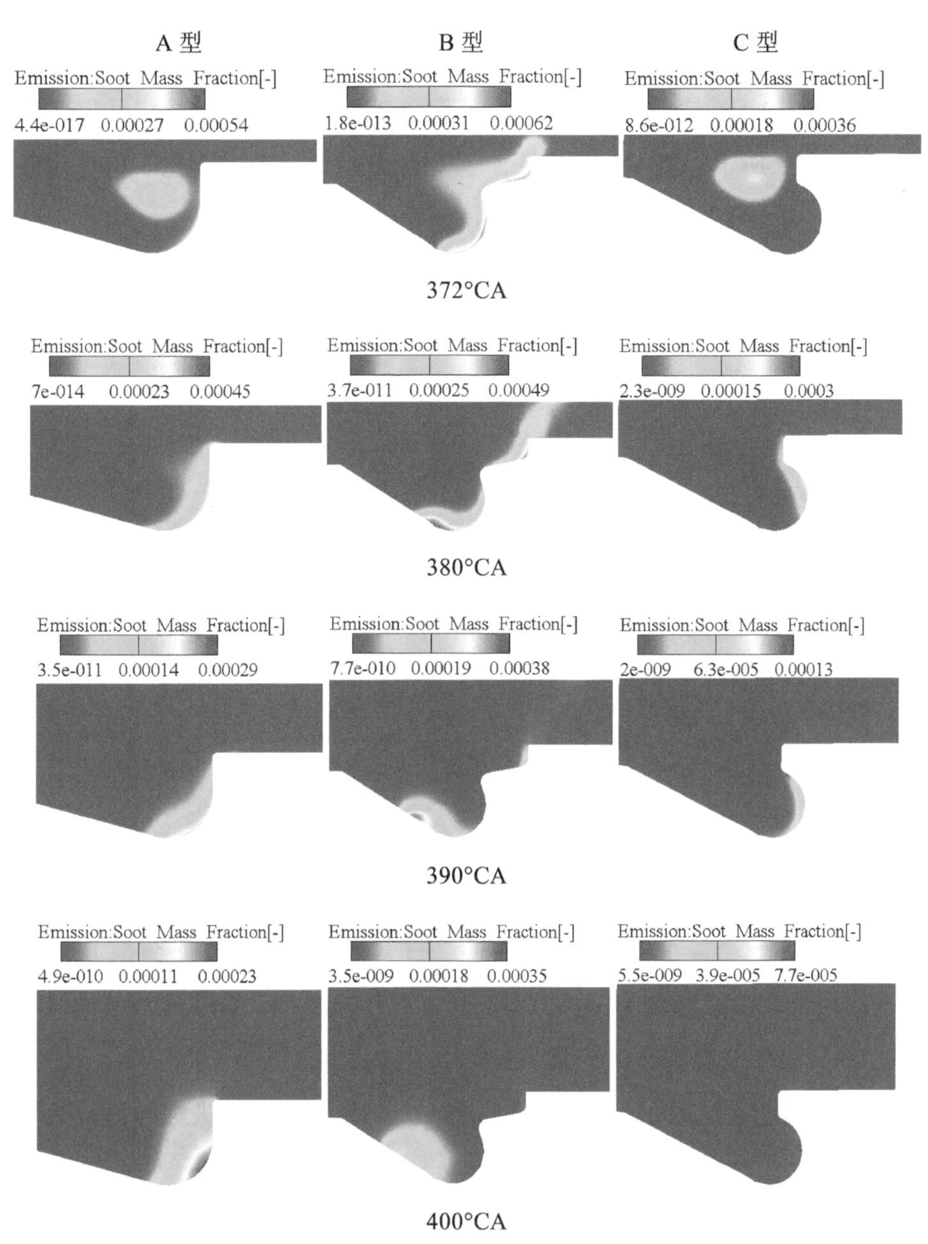

图 4.16 碳烟质量分数分布图（续）

4.3.3 排气温度分析

本书的模拟对象在 480°CA 开启排气门，若排放的废气温度过高，热效率会降低，浪费能源。在 480°CA，A 型、B 型和 C 型燃烧的平均温度为 1059.86K，1009.7K、1010.3K，A 型燃烧内的温度高于 B 型和 C 型。排气门开启前温度变化如图 4.17 所示。由图 4.17 可知，此阶段缸内气体温度变化平稳，在最后趋于水平，A 型燃烧室排放的废气含有较多的热量。

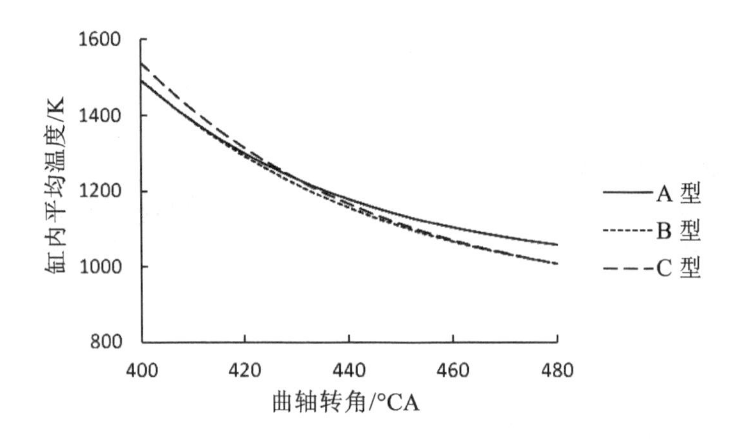

图 4.17 排气门开启前温度变化

4.4 本章小结

利用 FIRE 软件模拟了柴油机的工作过程，通过对三种燃烧室形状的混合气形成过程、燃烧特性和排放特点对比分析，得到以下结论：

（1）设置凸台或缩口可以加强燃烧室内气体流动，促进燃料和和空气的混合。

（2）设置有凸台的燃烧室，有明显燃油碰壁现象，壁面处形成油膜，不利于燃烧，燃烧平缓，燃烧放热较少，碳烟生成较多，NO 生成较少。

（3）缩口型燃烧室，混合气形成较好，燃烧速度较快，燃烧放热较多，NO 生成较多，碳烟生成较少。

第 5 章　喷孔夹角对柴油机性能的影响

喷孔夹角是柴油机喷雾的一个重要参数。对于喷孔直径和喷孔数一定的喷油器，喷孔夹角的选择对柴油机燃烧的影响应该更大，因为喷孔夹角的大小直接关系到燃油束在缸内的初始运动方向，使得喷射的燃油和燃烧室内的空气匹配混合的条件就不一样，直接影响柴油机的混合气形成和燃烧过程。喷孔夹角 α 的示意图如图 5.1 所示。本书在其他条件保持不变的前提下，选取了 α=140°、150°、160°三种情况，运用 FIRE 软件对三种喷孔夹角 α 时的燃烧过程进行了模拟计算，分析了喷孔夹角对柴油机燃烧及排放的影响，为柴油机喷油器喷孔夹角的改进提供了有力的依据。

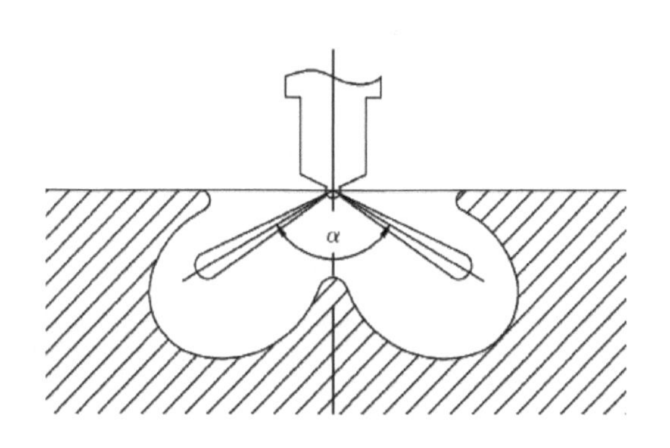

图 5.1　喷孔夹角示意图

5.1　喷孔夹角对混合气形成的影响

图 5.2 为三种方案在不同时刻的缸内燃空当量比分布计算结果。喷孔夹角影响燃油蒸气在燃烧室空间的分布位置，影响燃油蒸气与燃烧室壁面的相互作

用情况。随着油束夹角增大，燃油蒸气由燃烧室底部向上移动，燃油蒸气与燃烧室的撞壁位置从凹坑向喉口处移动。当α=140°时，油束夹角太小，会将燃油喷在燃烧室底部壁面，而此处流速较低，使得燃油无法和空气充分混合，造成燃烧不充分；α=150°和α=160°时，油束落点接近于燃烧室内的气流中心，有利于提高空气的利用率，其中α=150°的浓度场分布更均匀一些，α=160°时，油束的落点在燃烧室缩口处附近，在375°CA时，部分燃油在逆挤流的作用下进入活塞顶部的挤流区，余隙内部氧气较少，燃油无法充分燃烧，会对燃烧过程造成不良影响。因此，从燃油蒸气浓度场分布图可以分析得出，油束夹角既不能过大亦不能过小，存在一个最优值使得燃油蒸气与燃烧室廓型匹配的情况最好。

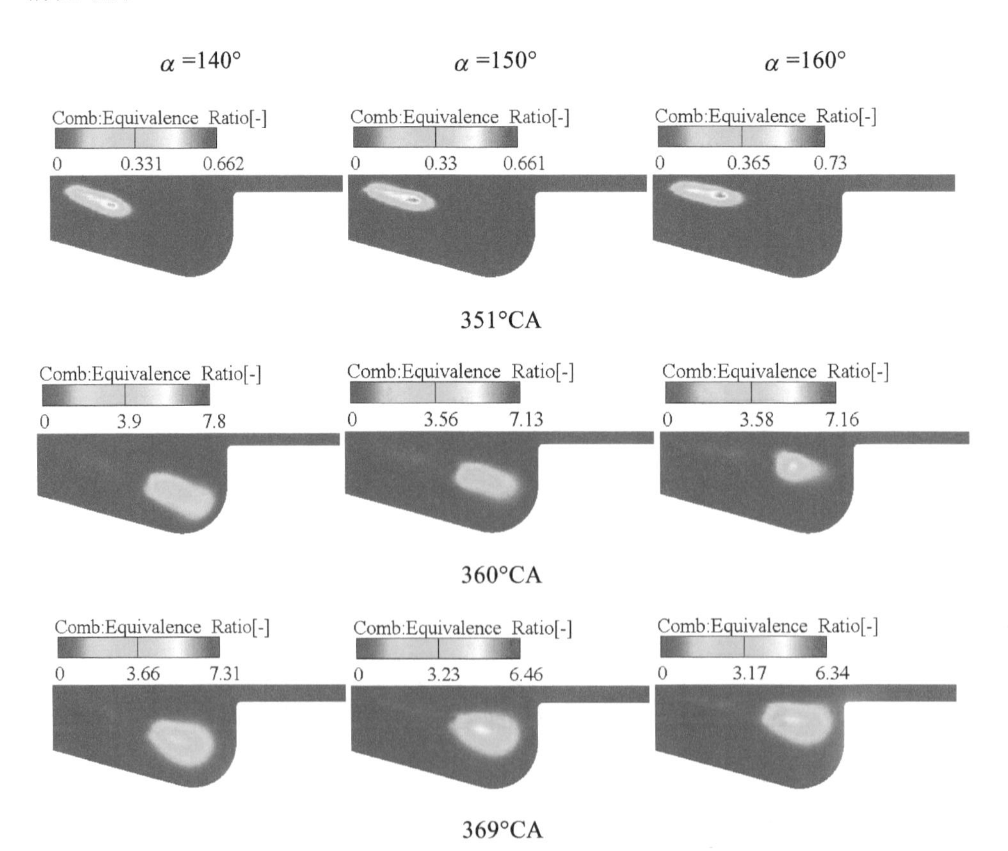

图 5.2 不同喷孔夹角下缸内当量比对比

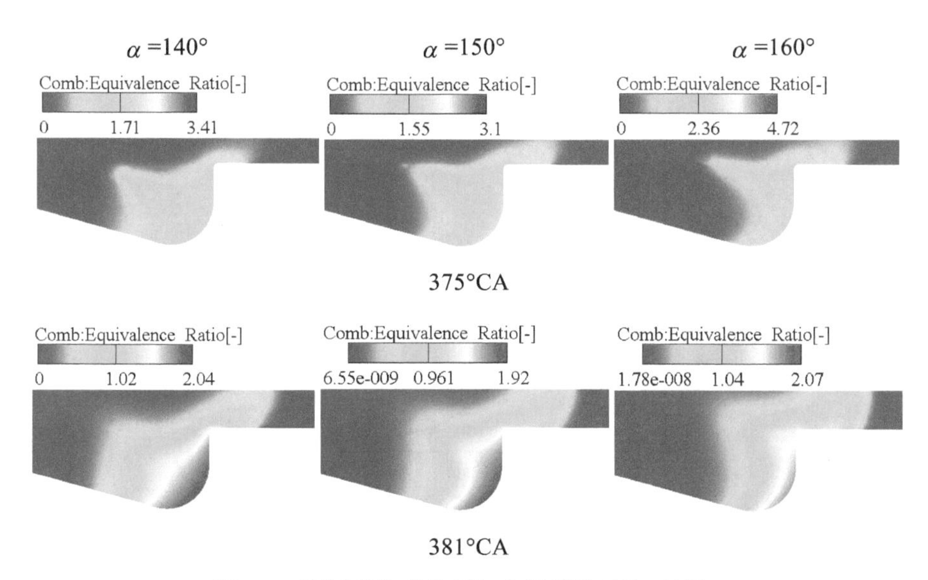

图 5.2　不同喷孔夹角下缸内当量比对比（续）

5.2　喷孔夹角对燃烧过程的影响

图 5.3、5.4 分别为不同喷孔夹角下燃烧放热率和放热量变化曲线，图 5.5～图 5.7 分别为不同喷孔夹角下缸内温度变化曲线、缸内压力变化曲线和缸内温度场分布图。由图可知，随着喷孔夹角的增大，缸内平均温度曲线和压力曲线的对比发生了明显的变化，随着喷孔夹角的增大，柴油机缸内的最高温度呈现出变大的趋势，相反的是在燃烧后期，柴油机内的平均温度又呈现出逐渐减小的趋势。燃烧开始后，$\alpha=160°$时放热率曲线、累计放热量曲线、缸内温度曲线和缸内压力曲线最为倾斜，这是因为大的喷雾锥角时喷油器油束的落点相对而言更接近燃烧室上方，喷嘴喷出的燃油雾化效果更好，燃油燃烧相对更充分，缸内燃料燃烧瞬间放出大量的热，累计放热量最多，缸内最高温度和最高压力也最大，同时由于$\alpha=160°$油束落点接近于燃烧室内的气流中心，有利于提高空气的利用率，燃油蒸汽分布距缸盖更近，能更好地利用近缸盖处的空气，形成更多的可燃混合气，扩散燃烧速率更快；但在燃烧后期，由图 5.5、图 5.6

以及图 5.7 可知，在燃烧后期（例如 381°CA），由于α=160°时放热率下降幅度最大，导致其缸内温度、缸内压力最小。

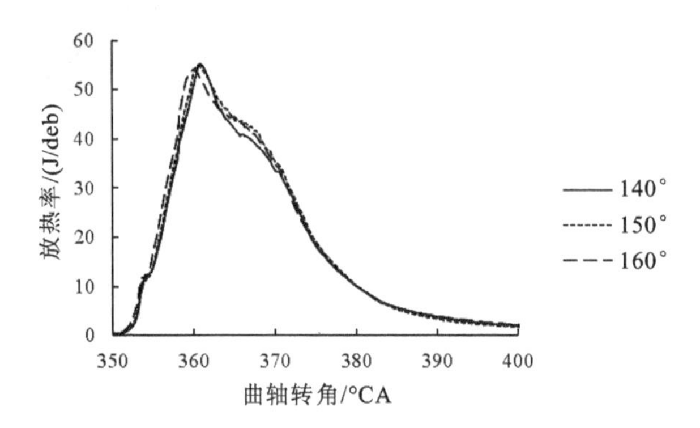

图 5.3　不同喷孔夹角下的放热率

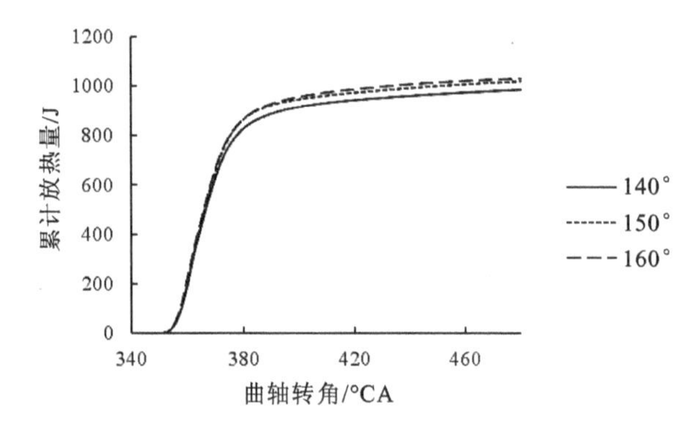

图 5.4　不同喷孔夹角下的累计放热量

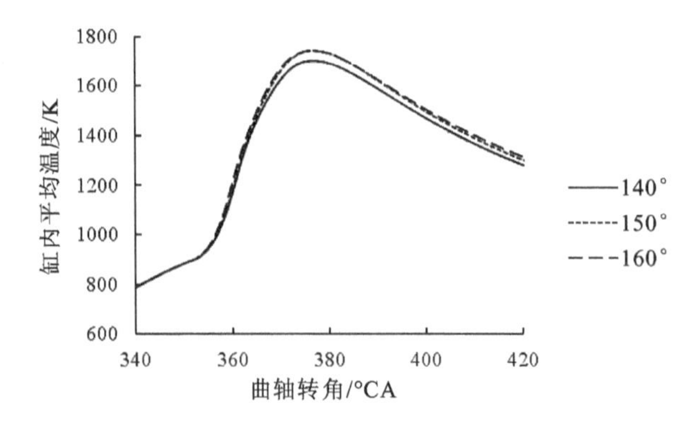

图 5.5　不同喷孔夹角下的缸内温度

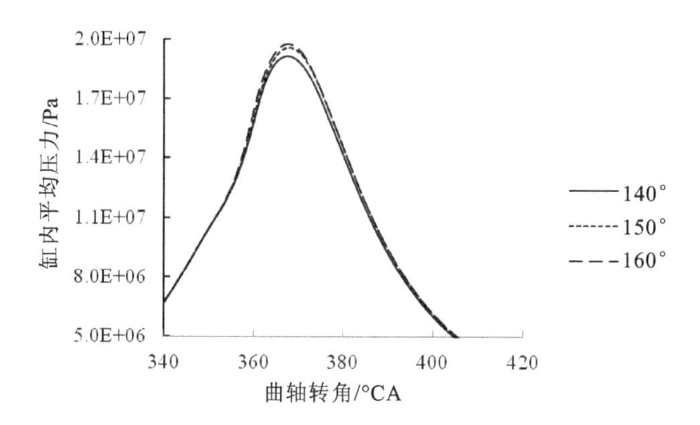

图 5.6　不同喷孔夹角下的缸内压力

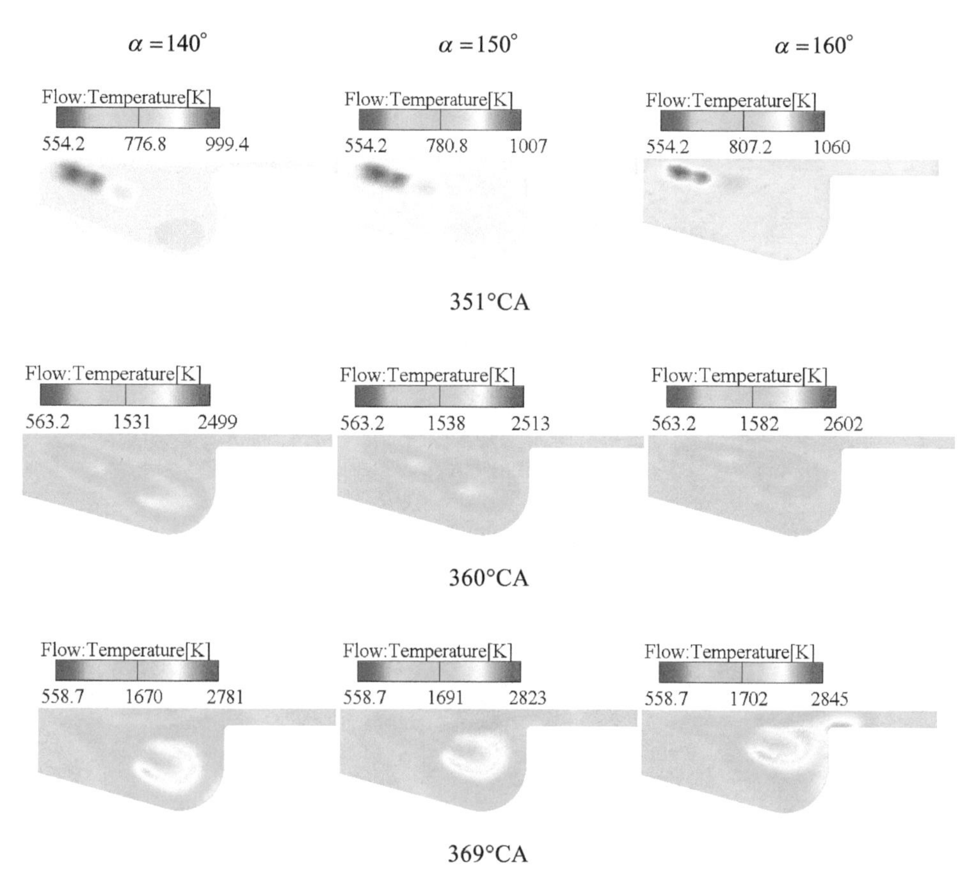

图 5.7　不同喷孔夹角下缸内温度场对比

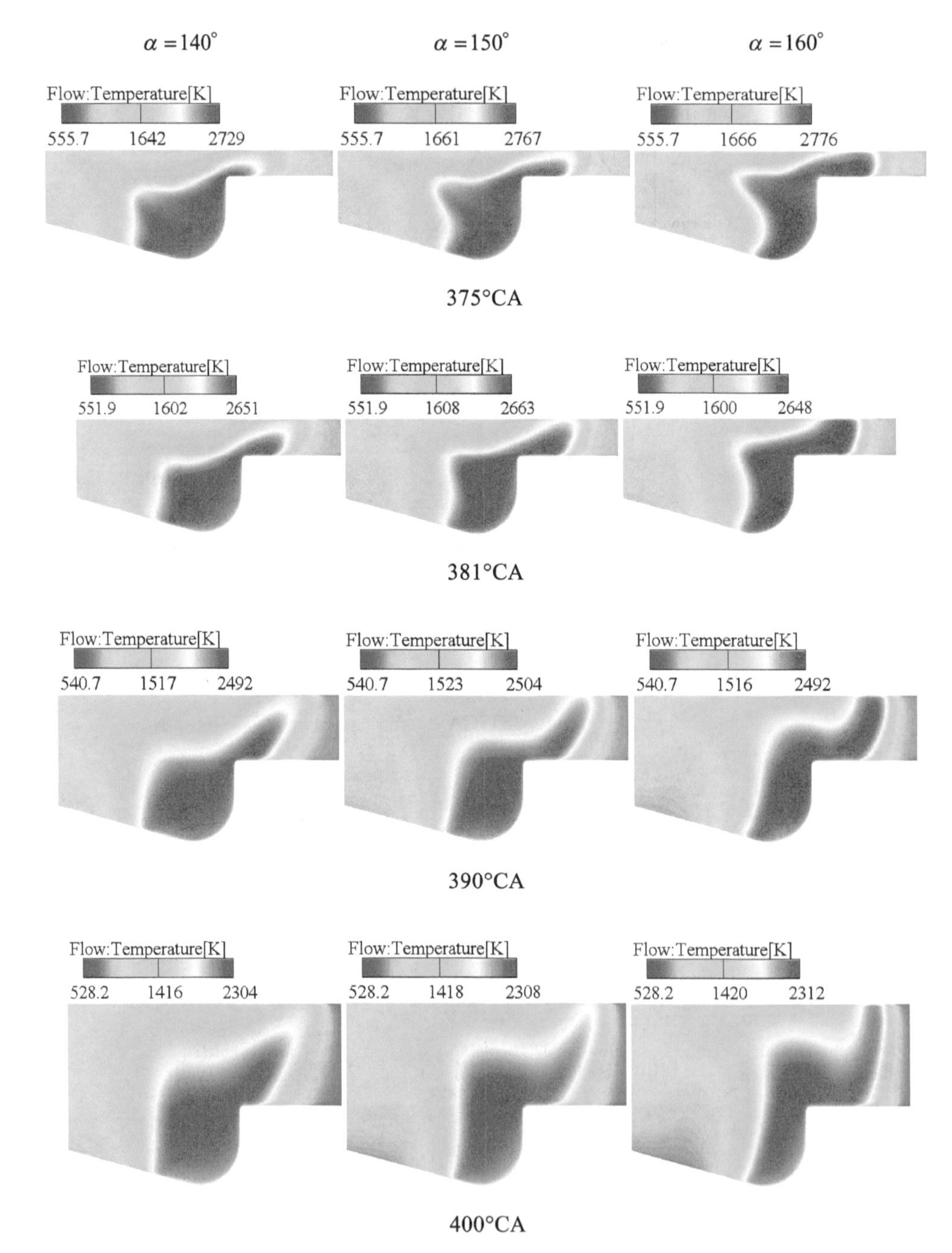

图 5.7 不同喷孔夹角下缸内温度场对比（续）

5.3 喷孔夹角对排放的影响

5.3.1 氮氧化合物排放分析

图 5.8 为不同喷孔夹角的 NO 质量分数变化曲线对比，图 5.9 为不同喷孔夹角的 NO 质量分数分布图对比。由图可以看出缸内 NO 生成量随着喷孔夹角的增加依次增加，这一点由上文中温度曲线变化上可以解释，在 360°CA～375°CA 内，三种不同喷孔夹角的缸内平均温度均急剧上升，且α=160°的平均温度高于其他两者。缸内的最高温度也随喷孔夹角的增加呈现出增加的趋势，缸内最高温度的增加可以促使 NO 的生成，因此缸内生成的 NO 量呈现出增加的趋势，从 365°CA 到 380°CA，三者的 NO 生成量均明显增加：α=140°的 NO 质量分数最大值由 7.43E-006 增长到 1.0e-004；α=150°的 NO 质量分数最大值由 9.17E-006 增长到 1.37E-004；α=160°的 NO 质量分数最大值由 1.35E-005 增长到 1.59E-004。随着活塞向下运动，缸内温度逐渐降低，当缸内温度降低到一定值时，NO 的浓度会发生“冻结”现象，大约在 390°CA 后，NO 的生成量基本保持不变，这是由于此时已达到了 NO 的“冻结”温度。

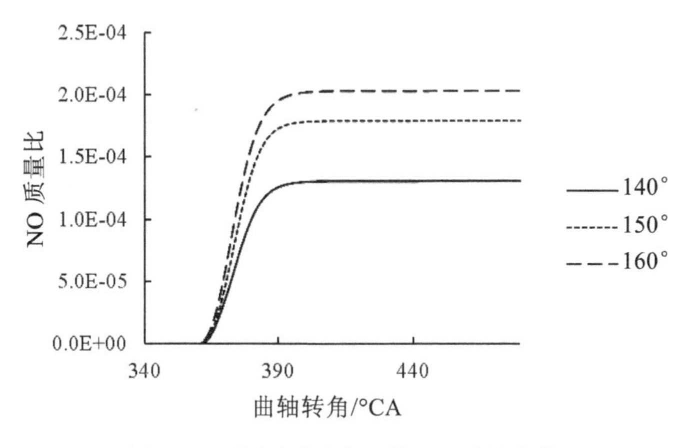

图 5.8 不同喷孔夹角下的 NO 质量分数

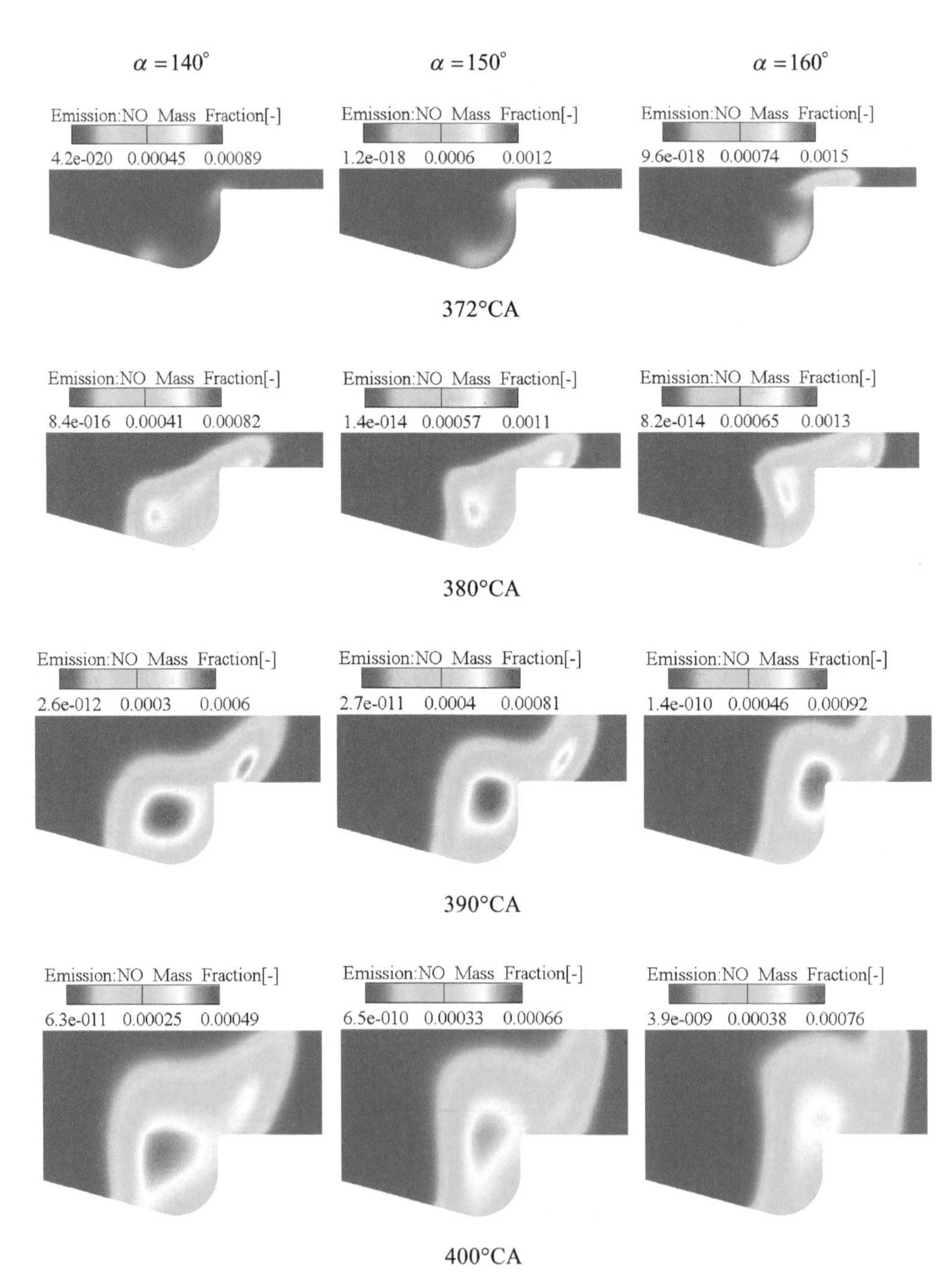

图 5.9 不同喷孔夹角下的 NO 质量分数分布图

5.3.2 碳烟排放分析

图 5.10 为不同喷孔夹角的碳烟质量分数变化曲线对比，图 5.11 为不同喷孔夹角的碳烟质量分数分布图对比。由图可知，α =140°的碳烟生成量一直保持最多，α =150°与 α =160°的最高碳烟生成量基本相同，但在燃烧后期 α =160°的碳烟生成量保持最低。结合图 5.2 可以看出，生成碳烟较多的地方集中在燃空当量比较高的区域，油束前锋到达且接近燃烧室壁面的区域。这是因为油束前锋处燃烧温度高，且随着油束的继续喷射扩散，在靠近燃烧室壁面附近形成油多气少，造成混合气局部缺氧。α =140°时油束的落点在燃烧室底部，燃烧室内空气的利用率较低，燃烧速率较低，碳烟排放高；α =160°时燃油与空气混合得较好，燃烧充分，放热率高，碳烟排放最低。

综上所述，喷孔夹角直接影响燃油的空间分布，从而影响混合气的浓度分布。根据燃烧室内的流场特性，合理选择喷孔夹角的大小可以获得较好的燃烧特性和较低的排放。从综合降低 NO 和碳烟排放两方面考虑，选用喷孔夹角 α =150°较为合适。

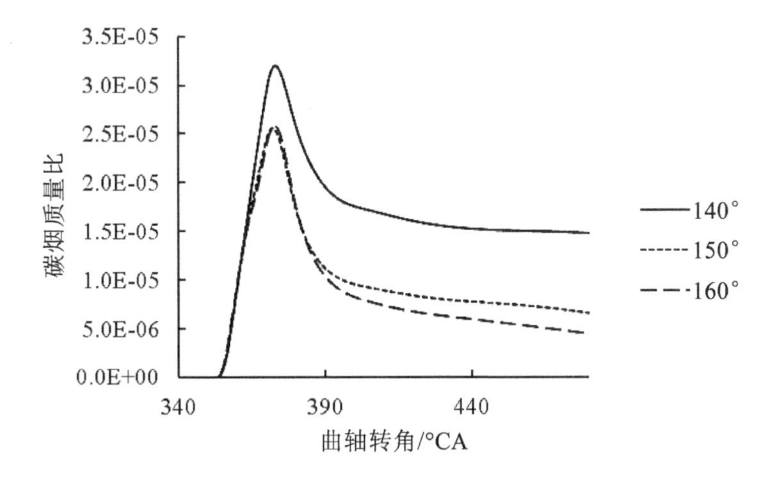

图 5.10 不同喷孔夹角下的碳烟质量分数

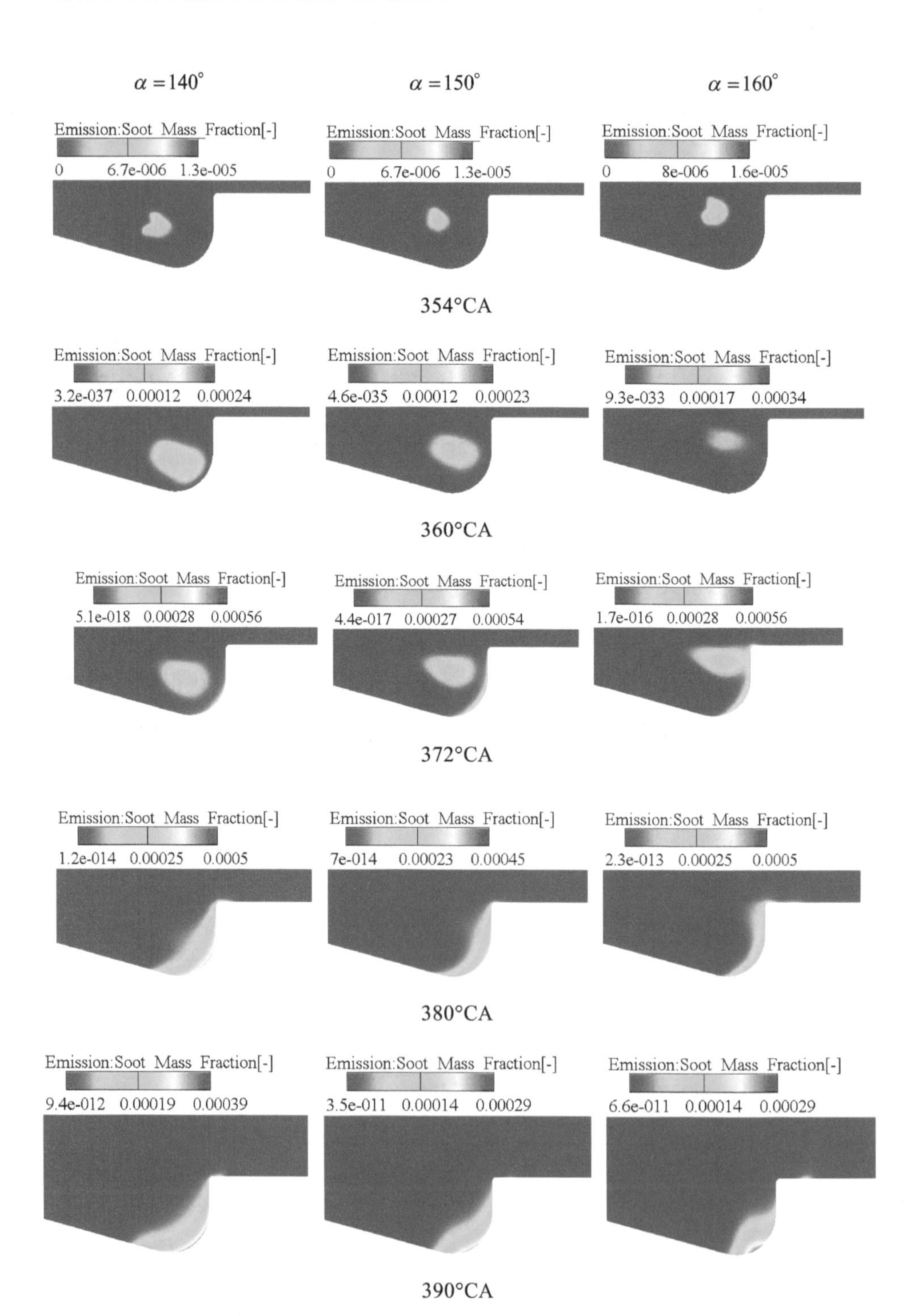

图 5.11 不同喷孔夹角下碳烟质量分数分布图

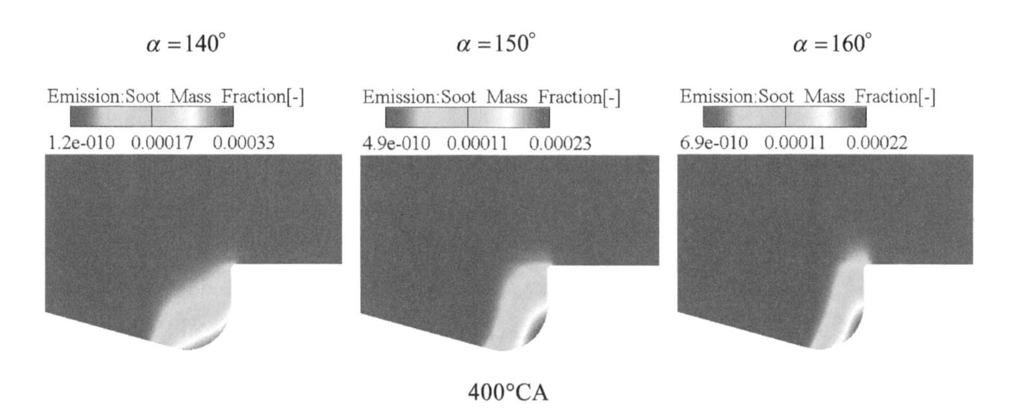

图 5.11 不同喷孔夹角下碳烟质量分数分布图（续）

5.4 本章小结

在喷油器喷孔夹角的选择过程中，本书分析了喷孔夹角分别为 140°、150°、160°时的三种方案。综合分析了各种方案的缸内温度、压力、燃烧放热、NO 排放和碳烟排放等情况，并进行了对比研究，得出以下主要结论：喷孔夹角直接影响对燃油的空间分布，从而影响燃油混合气的浓度分布。根据燃烧室内的流场特性，合理选择喷孔夹角的大小可以获得比较好的燃烧特性和较低的有害排放物。根据流场浓度分布、平均温度曲线及平均压力曲线分析，以及从综合降低 NO 和碳烟排放两方面考虑，选用α =150°的喷孔夹角是比较合理的。

第 6 章　喷射位置对柴油机性能的影响

喷嘴在气缸内距离缸盖平面的垂直距离会对燃油喷射后在缸内的运动与扩散产生一定的影响，因此喷嘴的伸入高度是关系到燃烧进行情况的重要参数。若喷嘴的伸入量过小，则燃油在燃烧室中的贯穿位置过于偏上，不易与燃烧室下部的空气发生相互作用，不利于燃油的充分扩散，且燃烧室上半部由于靠近气缸盖，温度较燃烧室其余部位偏低，燃油得不到充足的热量蒸发与燃烧，会进一步使燃烧的品质下降，若喷嘴的伸入量过大，则会受到过高温度的影响，易造成部件的损坏。本书在保证其余条件都不改变的前提下，运用 FIRE 软件分别对喷嘴与气缸盖底平面垂直距离（喷嘴伸入高度）为 4、2.5mm 和 1mm 三种情况进行了模拟计算，分析了喷嘴伸入高度对柴油机燃烧及排放的影响，为柴油机喷嘴伸入高度的改进提供了有力的依据。

6.1　喷射位置对混合气形成过程的影响

柴油机缸内气体流动具有高度的不确定性和循环变化的随机性，是复杂的湍流运动。这种运动是柴油机燃烧过程中物理化学反应的基础。FIRE 软件的切片图可以很清楚地了解气缸内的气流运动的速度和范围，图 6.1 为不同的喷嘴伸入高度时在不同的曲轴转角时的速度场切片图，图 6.2 为不同的喷嘴伸入高度时缸内当量比对比。

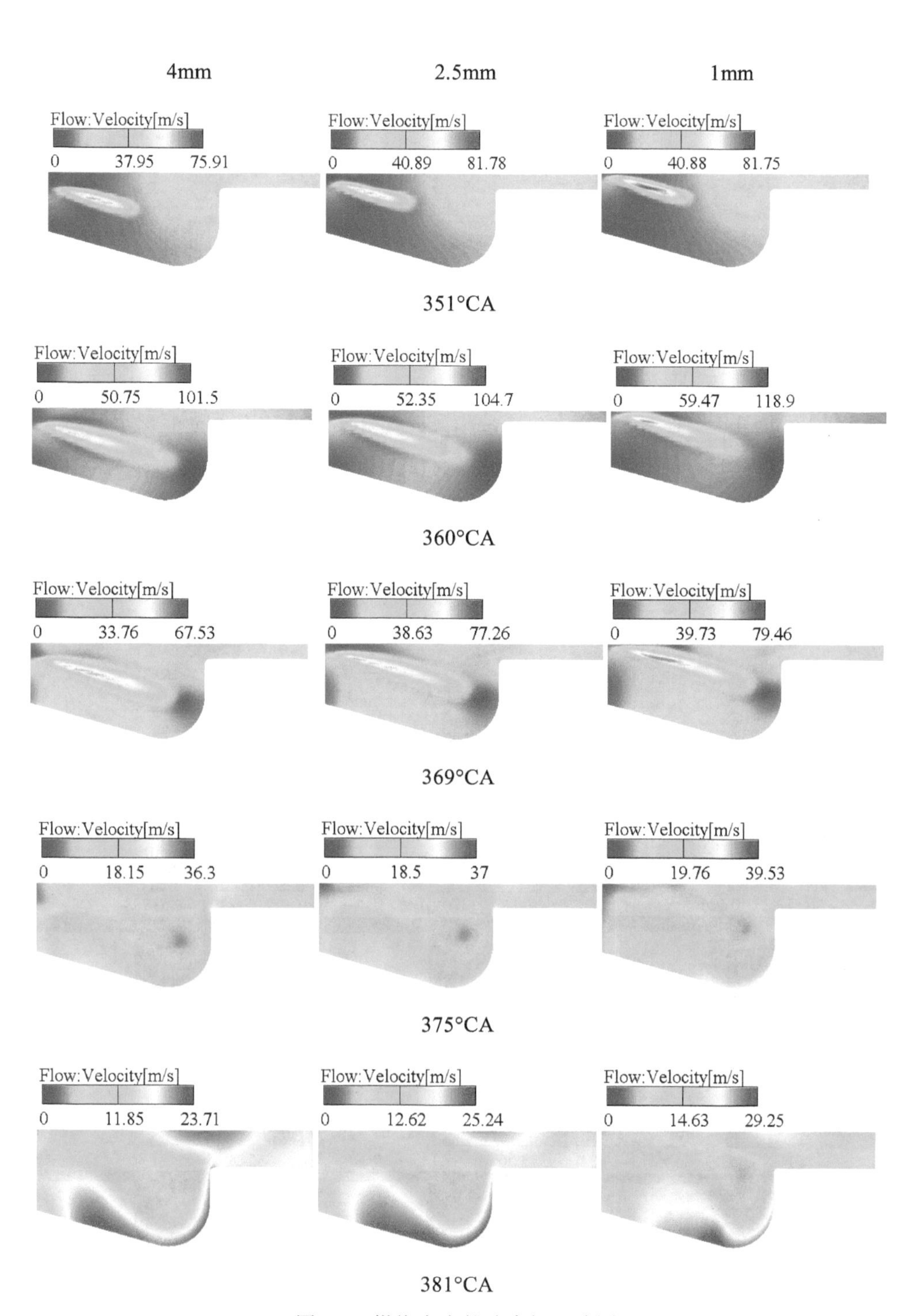

图 6.1 燃烧室内的速度场切片图

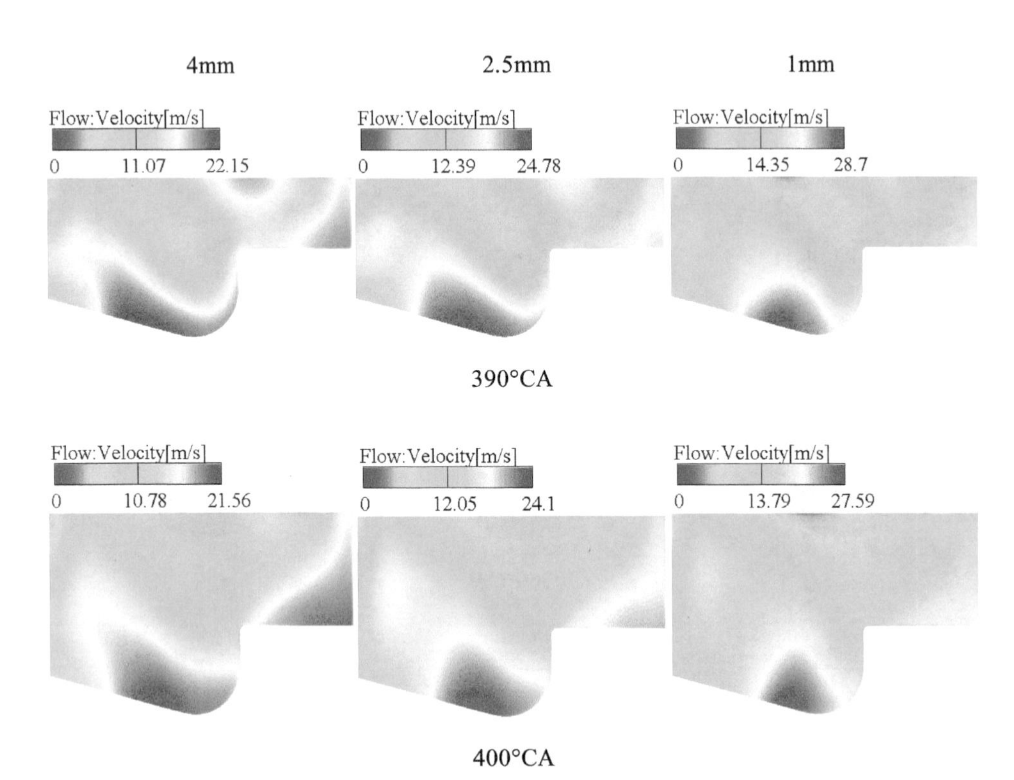

图 6.1 燃烧室内的速度场切片图（续）

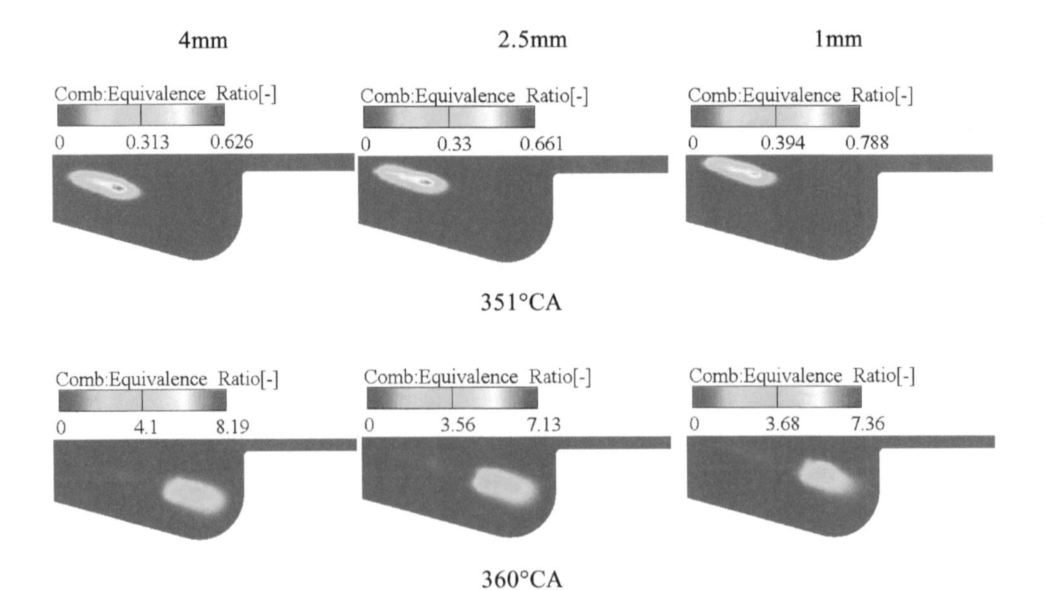

图 6.2 不同喷射位置时缸内当量比对比

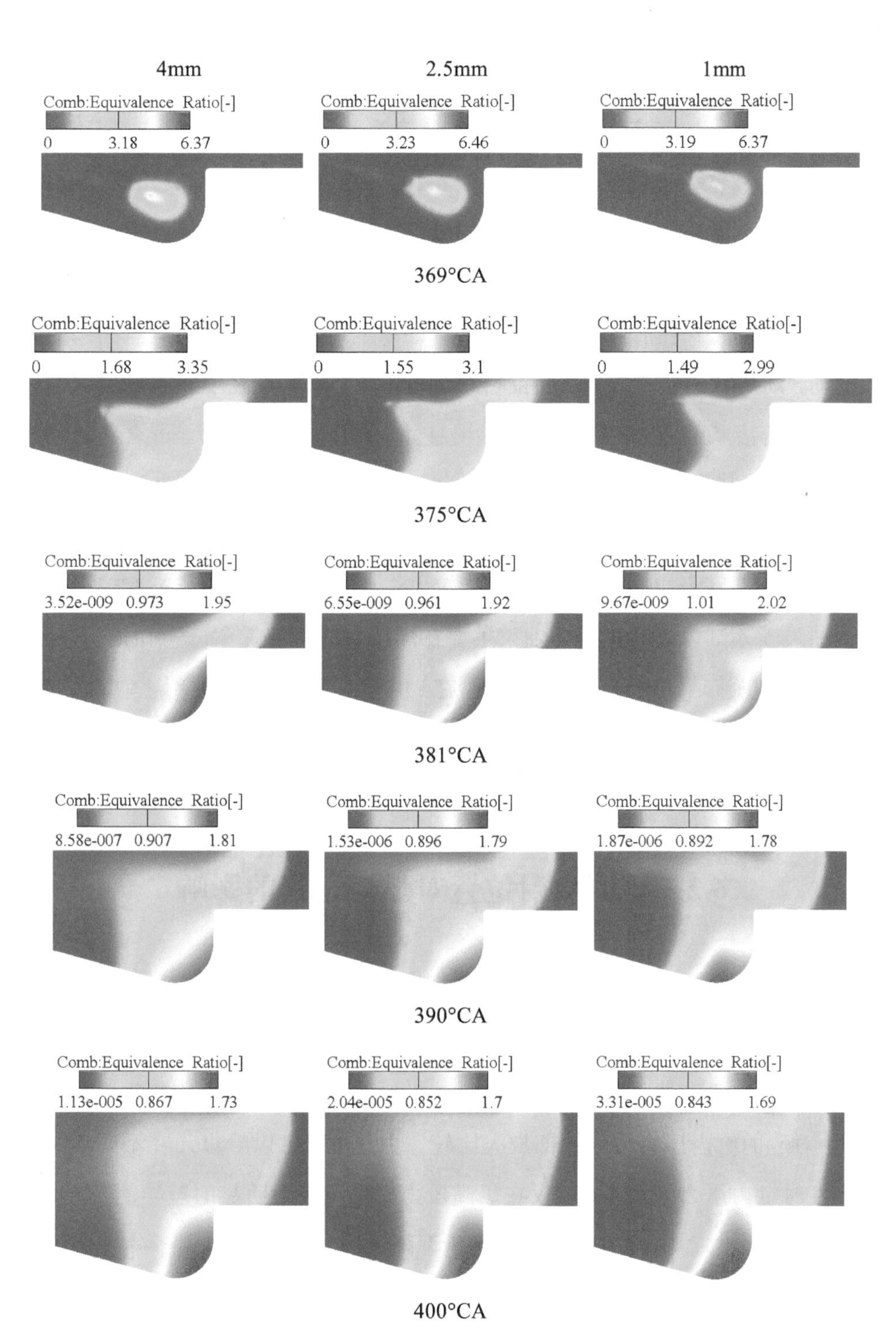

图 6.2 不同喷射位置时缸内当量比对比（续）

由图 6.1 可以看到，当喷嘴伸入高度为 1mm 时，在不同曲轴转角下缸内气体均具有较大的气流运动速度，而当喷嘴伸入高度为 4mm 时，在不同曲轴转角下缸内气体运动速度均较小。由图 6.2 可以看出，随着喷嘴突出高度增加，喷油油束的位置逐渐的偏向燃烧室的下部空间，燃油更多地喷入到燃烧室缩口下部的燃烧室凹坑内。混合气浓度值整体趋势呈现一种随曲轴转角增大而先增加后减小的趋势，喷油开始时刻，混合气的浓度值增加得很快，随着活塞的往上运动，燃烧室的体积减小，喷油持续进行，混合气浓度在上止点左右达到最大，但随着活塞下止点移动，燃烧持续进行，燃烧室容积变大、混合气的浓度又开始下降。喷射位置的不同也使混合气浓度值各不相同，喷嘴伸入高度为 1、2.5mm 时，在大多数燃烧期内缸内的当量分别比较小，即燃油混合较均匀，而喷嘴伸入高度为 4mm，缸内的当量较大。这是因为喷嘴伸入高度较小时，燃油在被喷入缸内之后形成的油束主要在燃烧室的上部贯穿，遇到的阻力相对较小，所以气流运动速度较大，并利于在缸内容积变大时沿着燃烧室壁面形成较强的气流运动，从而加快混合气的形成，使混合气混合较为均匀，并利于后期的燃烧。

6.2 不同喷射位置对燃烧过程的影响

6.2.1 不同喷射位置对缸内压力的影响

图 6.3 为喷嘴伸入高度分别为 4、2.5、1mm 时缸内压力的变化情况，图 6.4 为对应的缸内压力曲线局部放大比较。由图 6.3 可以看出，在不同喷嘴伸入高度时缸内压力区别不大，仅在最高压力处出现较为明显的差异，随着喷嘴伸入高度的增加，缸内的最高压力逐步下降（图 6.4）。这是由于喷嘴伸入高度越小，缸内气流运动越强，同时混合气混合得也比较均匀，燃烧更快、更为充分，导致缸内压力更大。

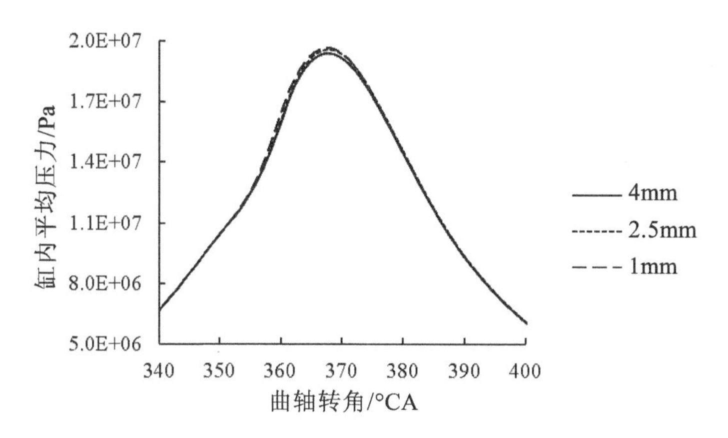

图 6.3　不同喷射位置下的缸内压力

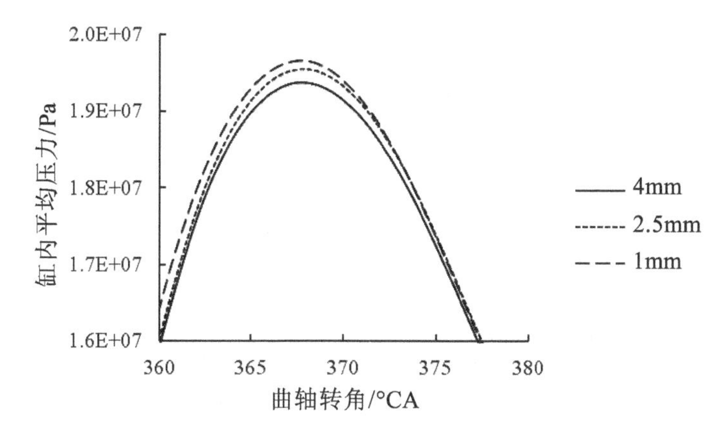

图 6.4　不同喷射位置下的缸内压力曲线局部放大图

6.2.2　不同喷射位置对燃烧放热的影响

图 6.5 为喷嘴伸入高度分别为 4、2.5、1mm 时缸内放热率的变化情况。图 6.6 为喷嘴伸入高度分别为 4、2.5、1mm 时缸内累计放热量的变化情况。由图 6.5 可知，虽然在燃烧前期（360°CA 以前），喷嘴伸入高度为 1mm 时燃烧放热率值较大，但其放热率峰值较小，经过燃烧放热率峰值之后又相对较低；喷嘴伸入高度为 2.5mm 时和喷嘴伸入高度为 4mm 时的放热率曲线基本吻合，但前者要比后者略高一些。由图 6.6 可知，喷嘴伸入高度为 4mm 时的累计放热

量最低，喷嘴伸入高度为 1mm 和 2.5mm 时的累计放热量基本相同。

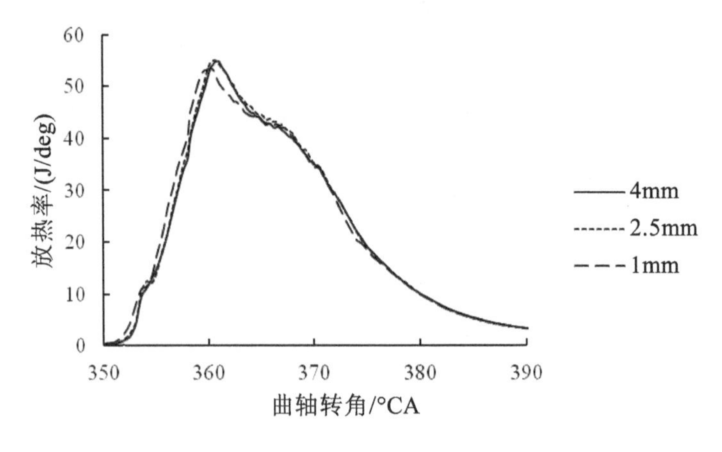

图 6.5　不同喷射位置下的放热率

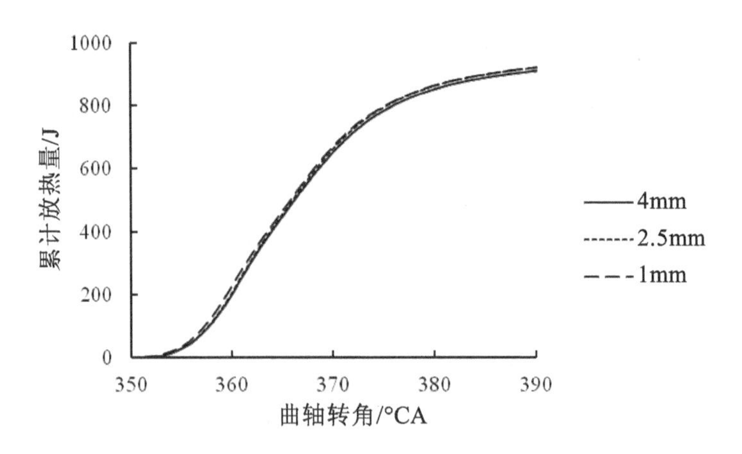

图 6.6　不同喷射位置下的累计放热量

6.2.3　不同喷射位置对缸内温度的影响

图 6.7 为喷嘴伸入高度分别为 4、2.5、1mm 时缸内温度的变化情况。图 6.8 为对应的缸内温度曲线局部放大比较。由图 6.7、图 6.8 可知，喷嘴伸入高度分别为 4mm 时的缸内平均温度最低，而喷嘴伸入高度分别为 2.5、1mm 时的缸内平均温度较高，但后两者差异不大，并存在缸内温度随着曲轴转角的变

化过程中呈现出了分阶段的变化趋势。在最高温度点之前，喷嘴伸入高度为1mm 时的缸内平均温度最大，而在最高温度点之后，喷嘴伸入高度为 2.5mm 时的缸内平均温度最大。这是因为，喷嘴伸入高度为 4mm 时的累计放热量最低，造成缸内的平均温度也最低；喷嘴伸入高度为 1mm 时缸内气流运动速度最大，造成前期燃料与空气混合速度快，前期燃烧速度快，放热较多，造成缸内燃烧的前期温度升高较快，燃烧后期温度下降也较快。

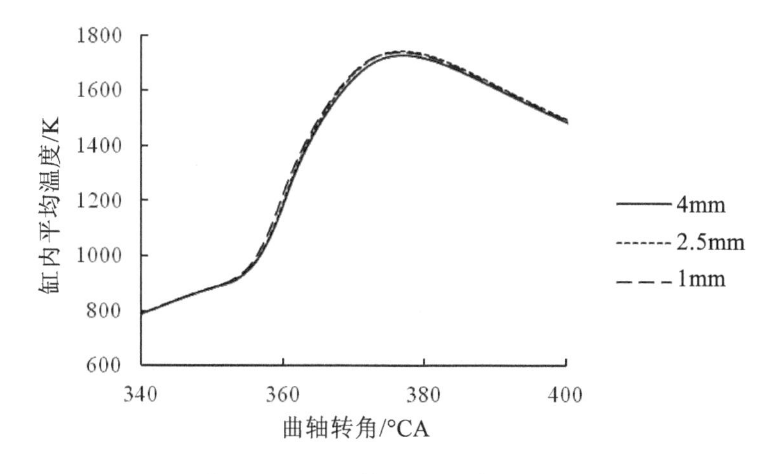

图 6.7 不同喷射位置下的缸内温度

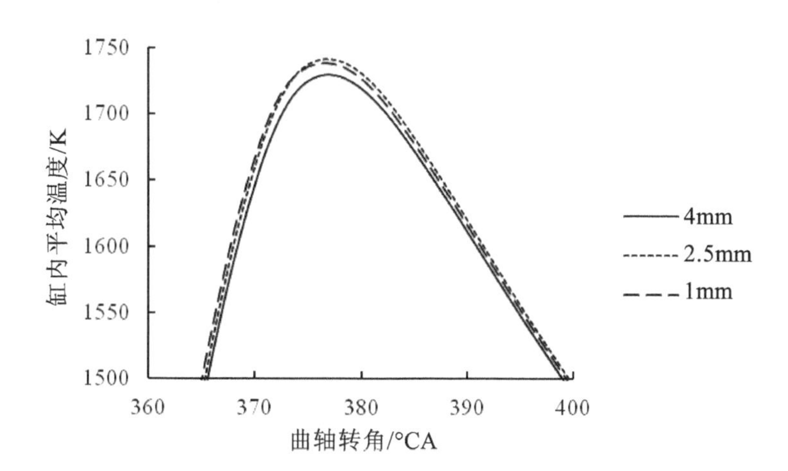

图 6.8 不同喷射位置下的缸内温度曲线局部放大图

图 6.9 为喷嘴伸入高度分别为 4、2.5、1mm 时缸内温度场的变化情况。由图 6.9 可知，在 390°CA 之前，喷嘴伸入高度为 4mm 时，缸内的最高温度均比其他两种情况低，而喷嘴伸入高度为 1mm 时的缸内的最高温度在 375°CA 之前最高，在 375°CA 之后喷嘴伸入高度为 2.5mm 时的缸内最高温度最大，此变化特征与不同喷射位置下的缸内温度变化曲线一致。这是由于喷嘴伸入高度为 1mm 时，缸内气流运动速度最快，混合气混合得也较为均匀，因此燃烧温度在燃烧前期也最高，同时由图 6.9 也可看出，喷嘴伸入高度为 1mm 时在燃烧前期高温区域也更大些。

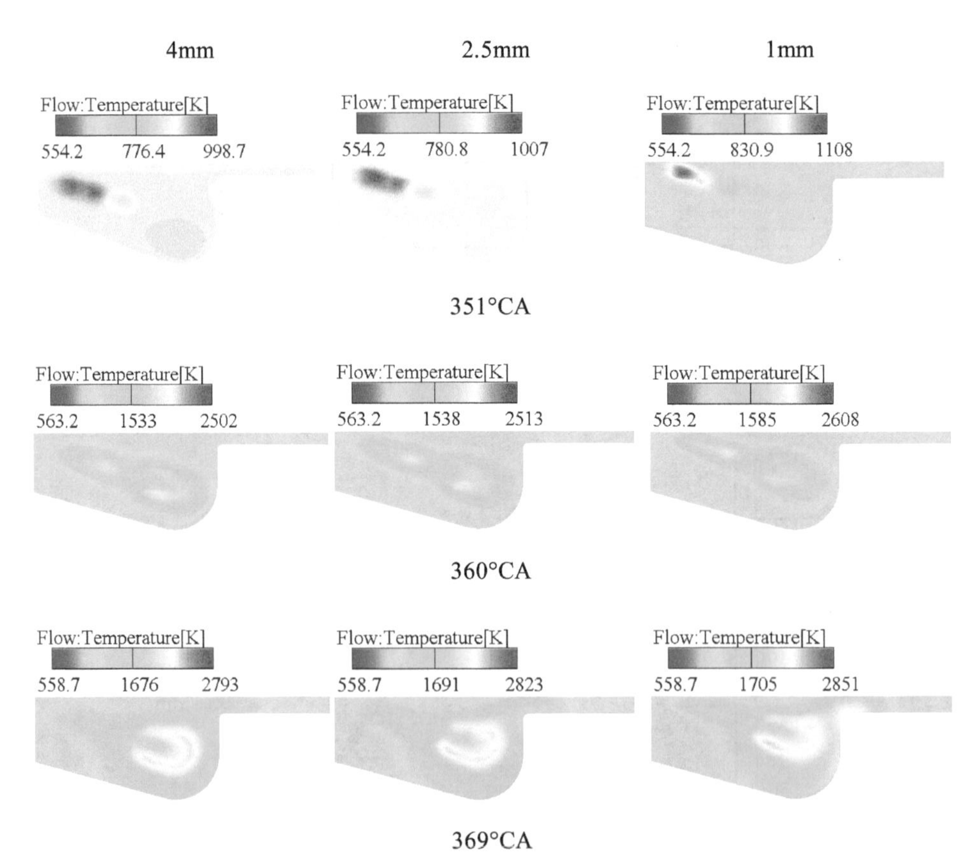

图 6.9 不同喷射位置时缸内温度场对比

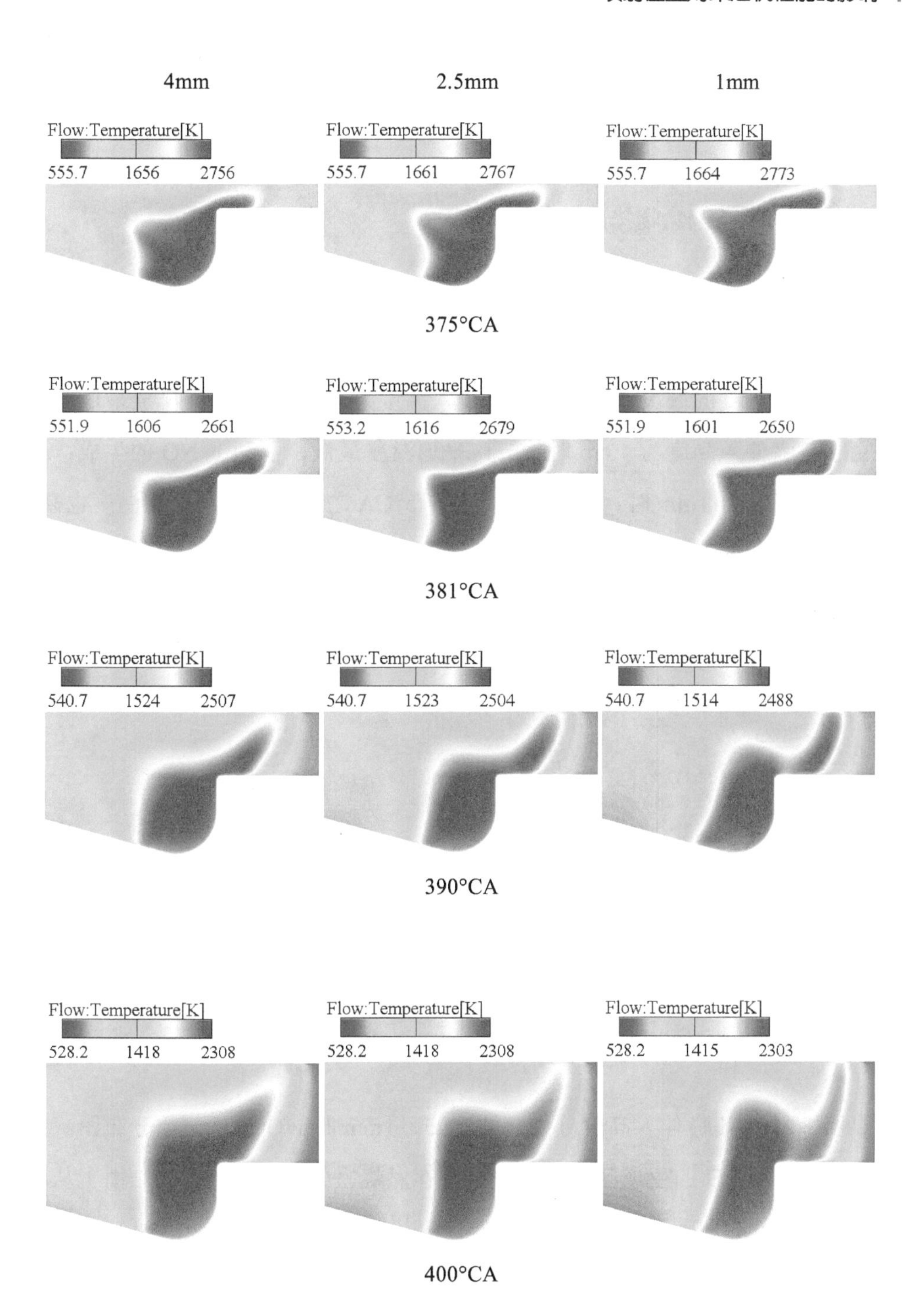

图 6.9 不同喷射位置时缸内温度场对比（续）

6.3 不同喷射位置对排放的影响

6.3.1 氮氧化合物排放分析

图 6.10 为喷嘴伸入高度分别为 4、2.5、1mm 时 NO 质量分数的变化情况。由图 6.10 可知，三种喷嘴深入高度时的 NO 的排放有较大的差异，NO 排放随着喷嘴伸入高度的增大而减小，喷嘴伸入高度为 4mm 时的 NO 排放最低。这是由于喷嘴伸入高度为 4mm 时的缸内平均温度最低，不利于 NO 的生成；而喷嘴伸入高度为 1mm 时，在燃烧前期（375°CA 之前）缸内的平均温度也高，从而利于大量的 NO 的生成。

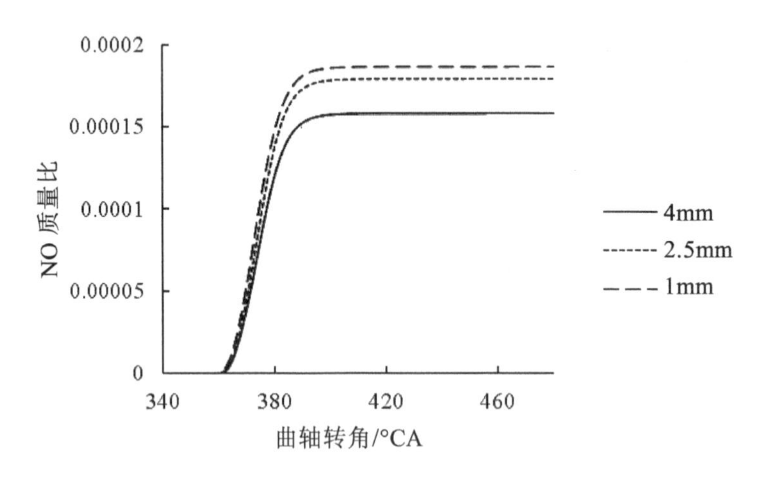

图 6.10　不同喷射位置下的 NO 质量分数

图 6.11 为喷嘴伸入高度分别为 4、2.5、1mm 时 NO 质量分数分布图。由图 6.11 可知，NO 的生成区域大部分集中在燃烧室的中部区域，这是由于从缸内温度分布图可知此区域的温度也最高，而从缸内的当量比分布图可知此区域的燃油浓度也不是太大，氧气比较充足，在此条件下非常有利于 NO 的生成。同时由图 6.11 可知，在不同曲轴转角时 NO 的质量分数均随着喷嘴伸入高度的增大而减小，与图 6.10 的 NO 生成曲线较为吻合。

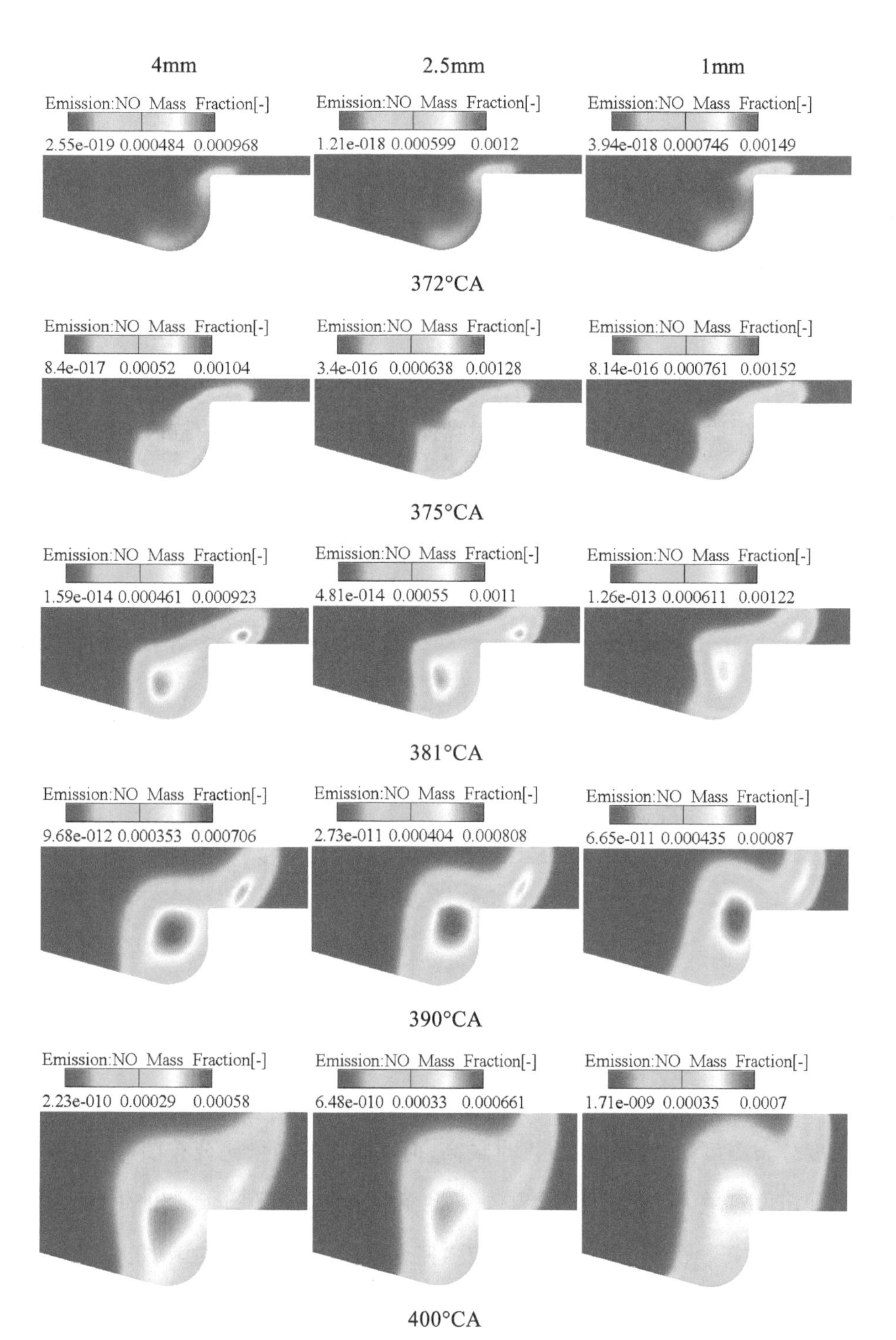

图 6.11 NO 质量分数分布图

6.3.2 碳烟排放分析

图 6.12 为喷嘴伸入高度分别为 4、2.5、1mm 时碳烟质量分数的变化情况。由图 6.12 可知，喷嘴伸入高度为 1mm 时的碳烟排放峰值最大，这是由于喷嘴伸入高度为 1mm 时缸内在燃烧的前期具有最高的温度，同时在燃烧前期相对于喷嘴伸入高度为 2.5mm 时也具有较大的当量比，所以在此高温和缺氧的情况下所生成的碳烟最多；喷嘴伸入高度为 4mm 时的碳烟排放虽然前期生成较少，但后期生成量较多，这是由于喷嘴伸入高度为 4mm 时的缸内混合气的当量比最大，混合气混合最不均匀，而气缸内温度也处于较高的数值，所以后期碳烟排放生成最多。

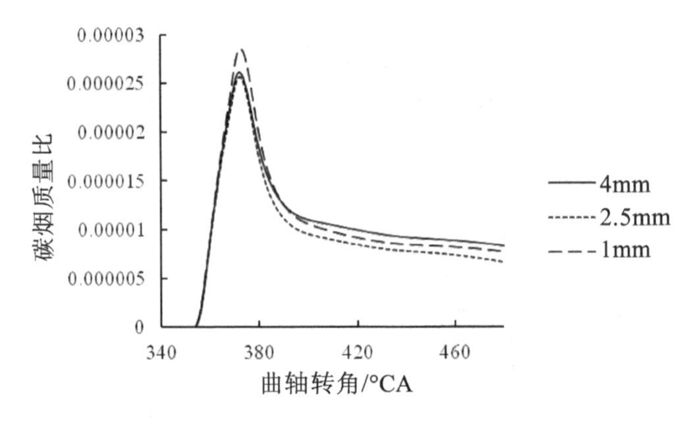

图 6.12 不同喷射位置下的碳烟质量分数

图 6.13 为喷嘴伸入高度分别为 4、2.5、1mm 时碳烟质量分数分布图。由图 6.13 可知，NO 的生成区域大部分集中在燃烧室的底部区域，这是由于从缸内温度分布图可知此区域的温度也最高，而从缸内的当量比分布图可知此区域的燃油浓度也最大，缺氧现象严重，在此条件下非常有利于碳烟的生成。同时由图 6.13 可知，在 381°CA 之前，喷嘴伸入高度为 1mm 时的碳烟质量分数最大，而在 381°CA 之后，喷嘴伸入高度为 4mm 的碳烟排放数值又最大，与图 6.12 的碳烟生成曲线较为吻合。

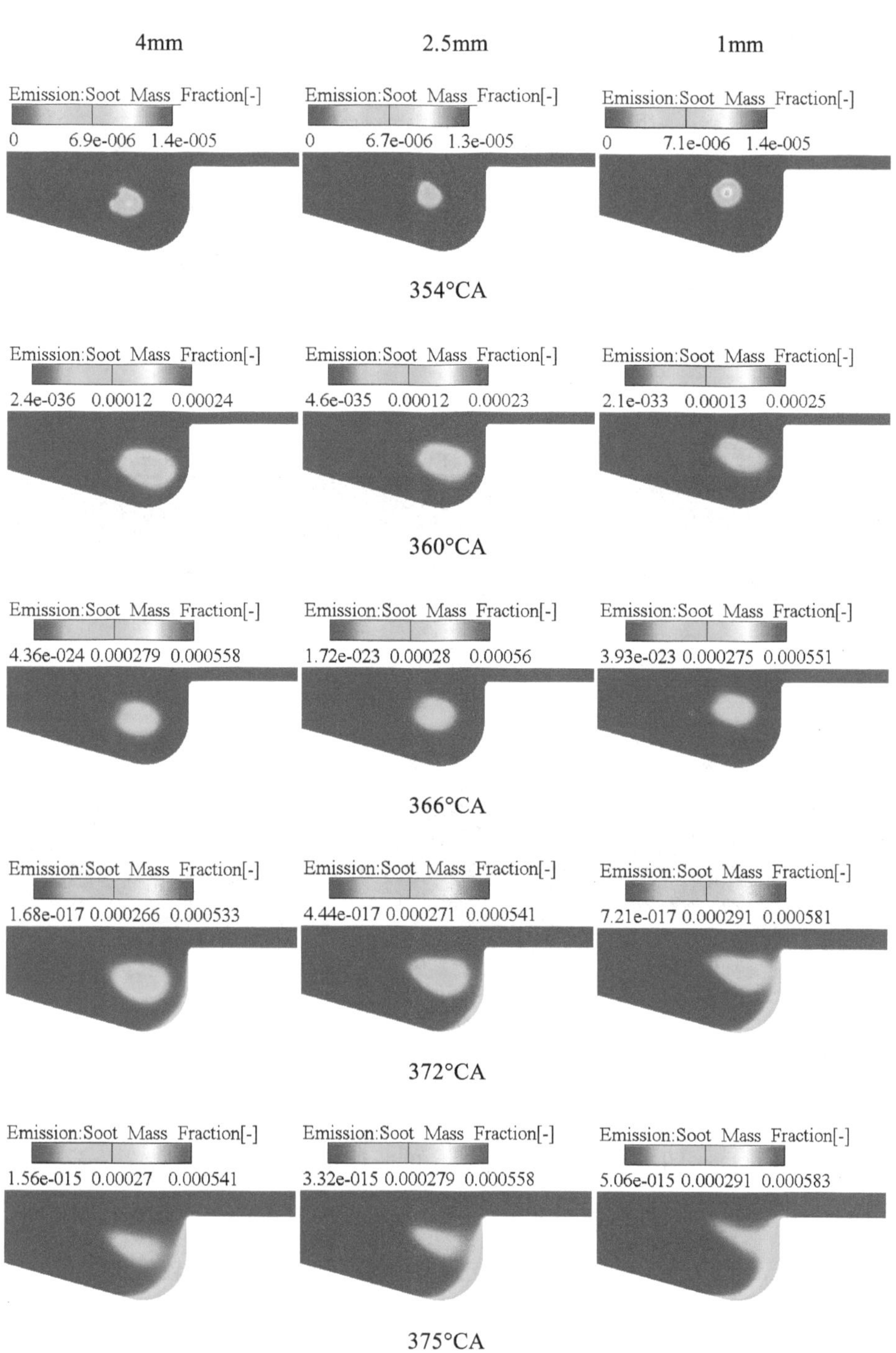

图 6.13 碳烟质量分数分布图

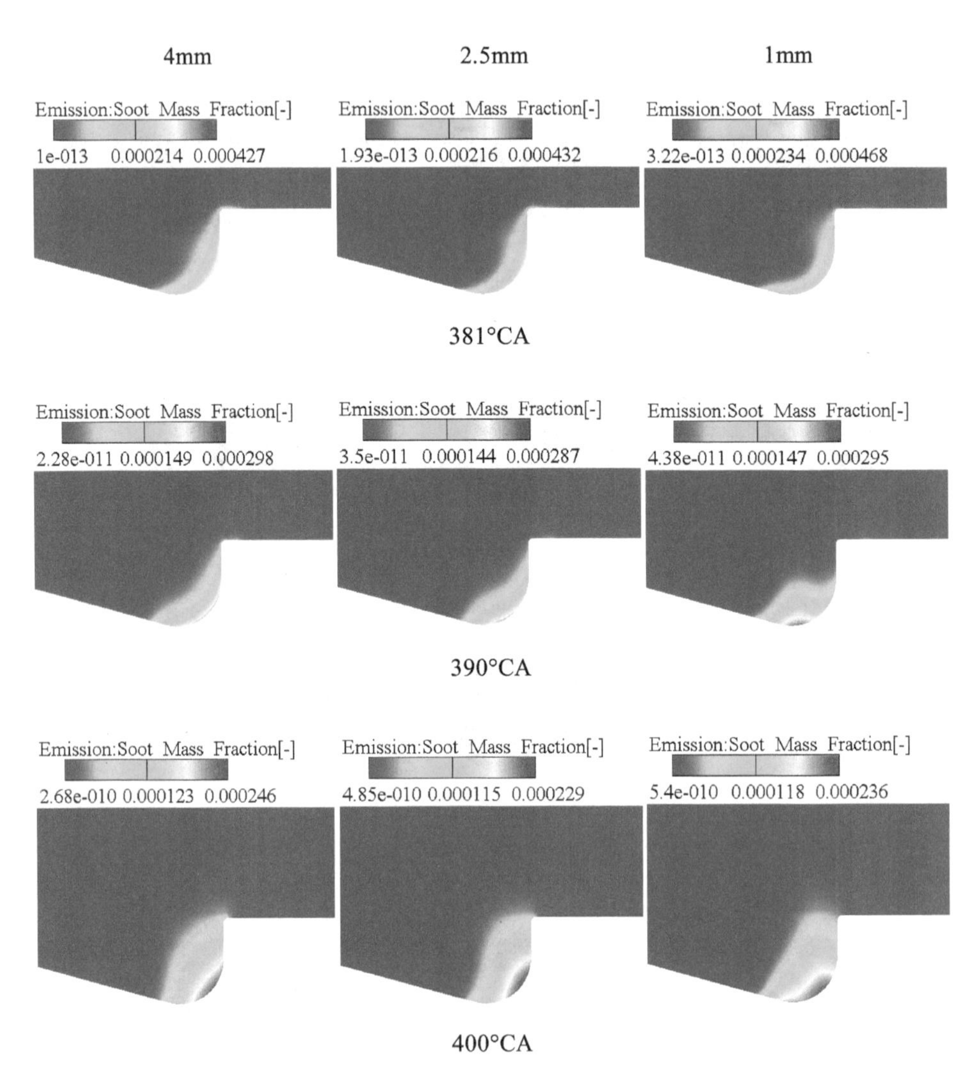

图 6.13 碳烟质量分数分布图（续）

结合图 6.11～图 6.13 的分析可知，单一调整喷油器喷射位置，无法做到使 NO 与碳烟排放同时达到最低的数值。但从三种方案中，可以选择喷嘴伸入高度为 2.5mm 的方案，可以使 NO 与碳烟排放同时达到相对较低的数值。

6.4 本章小结

在喷油器位置的选择过程中，本书分析了喷嘴伸入缸盖底面高度分别为4、2.5、1mm时的三种方案。综合分析了各种方案的缸内温度、压力、燃烧放热、NO排放和碳烟排放等情况，并进行了对比研究，得出以下主要结论：

（1）喷嘴伸入高度较小时，燃油在被喷入缸内之后形成的油束主要在燃烧室的上部贯穿，阻力相对较小，气流运动速度较大，并利于沿着燃烧室壁面形成较强的气流运动，从而加快混合气的形成，使混合气混合较为均匀，并利于后期的燃烧。

（2）单一调整喷油器喷射位置，无法做到使NO与碳烟排放同时达到最低的数值。但从三种方案中，可以选择喷嘴伸入高度为2.5mm的方案，可以使NO与碳烟排放同时达到相对较低的数值。

第 7 章　喷油提前角对柴油机性能的影响

喷油提前角对柴油机的运行来说是一个很重要的参数。由于燃油在管路中的传播需要一定的时间，因此从开始供油到燃油实际喷入气缸有一个延迟，称为喷油延迟。供油提前角减去喷油延迟角为喷油提前角，即喷油器开始喷油到活塞运行至压缩上止点所经历的曲轴转角，称为喷油提前角。喷油提前角是对燃烧过程有直接影响的参数。喷油提前角的大小取决于燃料喷入气缸后的雾化、蒸发、与空气混合、氧化放热等物理及化学准备过程所共同决定的滞燃期。喷油提前角决定燃油喷入气缸的时刻，不同的喷油提前角度造成喷油时的空气压力、温度、流动状态及活塞位置的不同，并通过影响燃油的滞燃期来影响燃料燃烧的时刻及燃烧时的燃料量，从而影响到整个燃烧过程，最终关系到柴油机的排放性能和经济性能。喷油提前角过小，燃油被喷入气缸的时间比较晚，导致燃油不能在上止点附近迅速燃烧，使得后燃增加、柴油机过热、排气冒黑烟等，柴油机的动力性与经济性均随之下降。喷油提前角过大，燃油被喷入气缸的时间比较早，此时缸内空气的压力与温度都还比较低，使得滞燃期延长，一方面会使得压力升高率与最高爆发压力变得很大，另一方面燃烧于上止点前较早开始，增加了压缩行程所需克服的负功，同样使得柴油机的动力性与经济性均随之下降，也会造成启动困难和怠速工况下运行不稳定等问题。

本书运用 FIRE 软件对 11ºCA、13ºCA、15ºCA 三种不同喷油提前角条件下（喷油持续期、喷油量等参数不变），通过燃烧与排放的仿真分析，研究了喷油提前角变化对柴油机燃烧和排放的影响，为柴油机喷油提前角的改进提供了有力的依据。

7.1 喷油提前角对混合气形成过程的影响

7.1.1 缸内气流运动分析

气体在燃烧室内的流动情况对可燃混合气的形成具有显著的影响，使得它会对整个燃烧过程产生影响，从而影响柴油机的动力性。图 7.1 表示缸内速度场的变化，由图可以看出，随着喷油提前角的增大，在压缩前期还未开始喷油之前燃烧室内的气体运动速度分布差异不大且边缘处的气体分子运动更加剧烈；当曲轴转角 357°CA 时，即开始喷油后，随着喷油提前角的增大，缸内气体分子速度分布出现了明显的变化，高速气体分子主要集中在缸内中部的地方，且提前角越大高速气体分子越多，这是由于提前角越大此时缸内气体越多，在压缩的过程中缸内压强越大，因而分子运动越剧烈；当曲轴继续转动到 375°CA 处即燃烧开始后的时候，缸内由于气体相对较少但温度较高因而仍然有一部分气体处于高速状态，这些分子仍然分布在燃烧室的四周。随着曲轴的转动和燃烧的完成，到 400°CA 处时，四种情况的速度分布基本不再明显有区别。

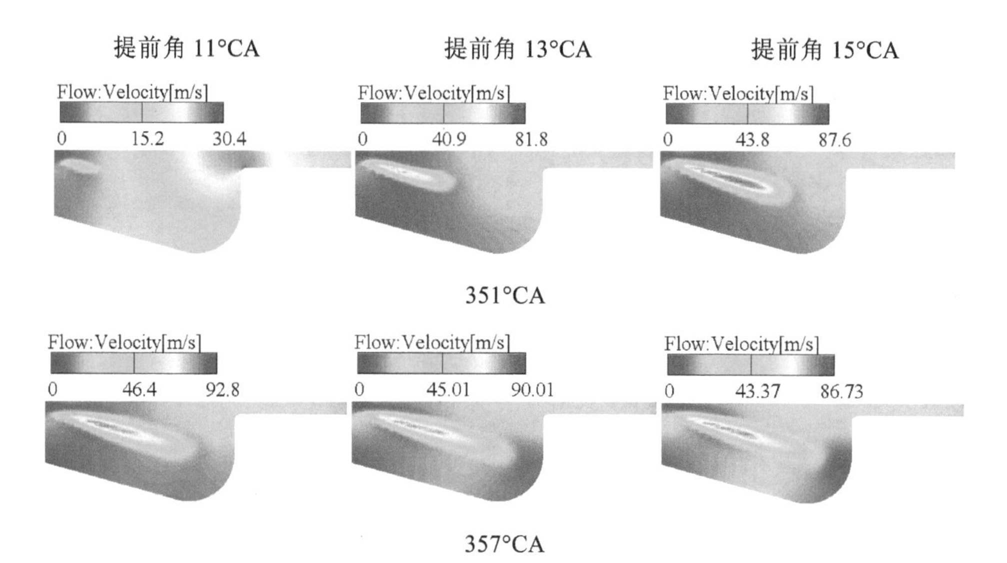

图 7.1 燃烧室内的速度场切片图

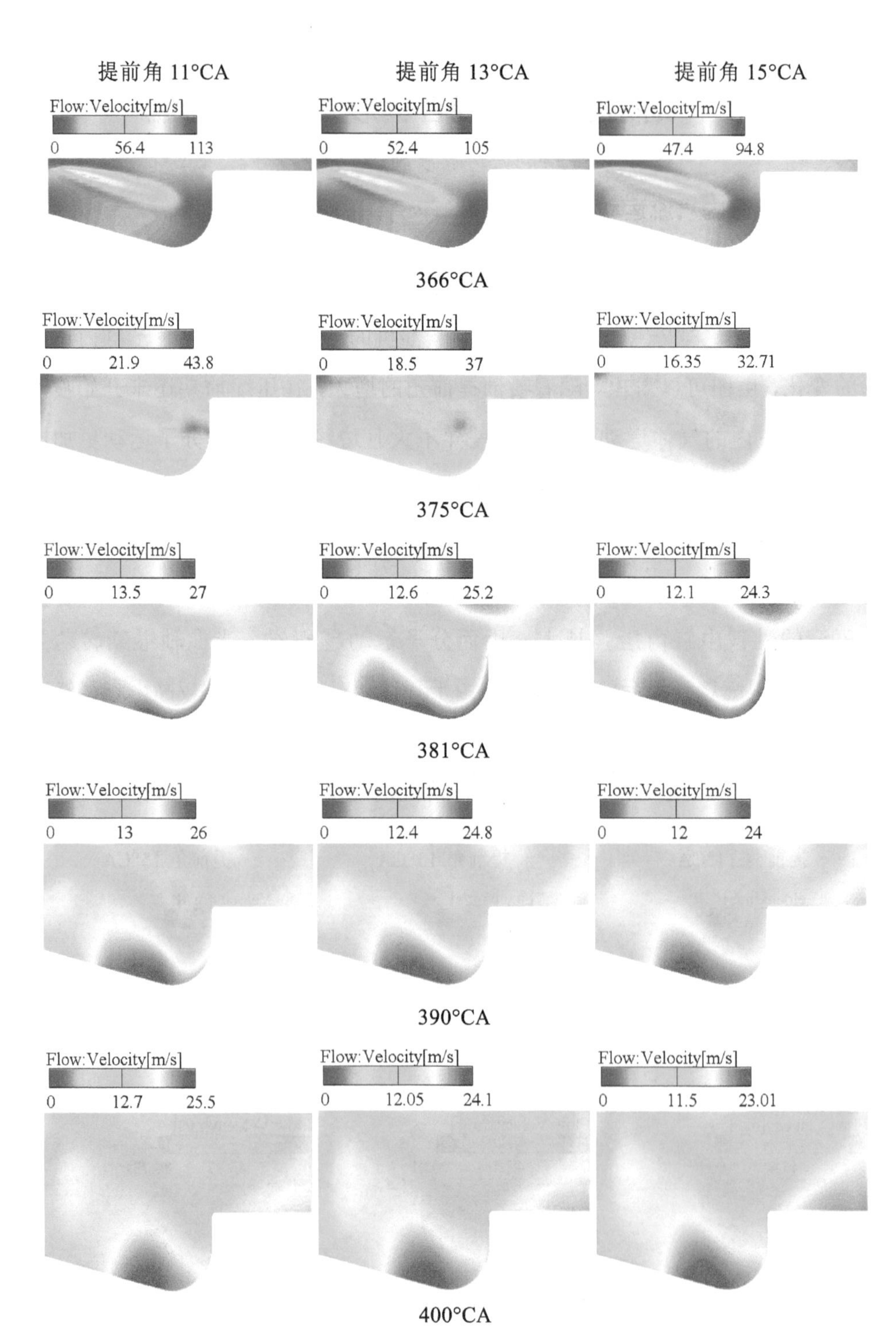

图 7.1 燃烧室内的速度场切片图（续）

7.1.2 缸内气流浓度分析

图 7.2 表示缸内浓度场的变化，由图可以看出，当曲轴转角为 357°CA 时，即开始喷油后，随着喷油提前角的增大，缸内气体分子速度分布出现了明显的变化，由于此时活塞接近上止点，缸内的体积被压缩至较小，各种喷油提前角时的燃油浓度普遍很大，但燃油还未与空气很好地混合，所以气体浓度分布不均，在燃烧室中部浓度较大。当曲轴继续转动到 375°CA 处，缸内燃油与空气已经进行了很好地混合并且大部分已燃烧，最大浓度开始下降，并且浓度分布较为均匀，但在靠近燃烧室底部区域浓度较大。随着曲轴的转动和燃烧的完成，当曲轴转角在 400°CA 处时，三种喷油提前角时的浓度都很低，但是仍然是四周比较高。

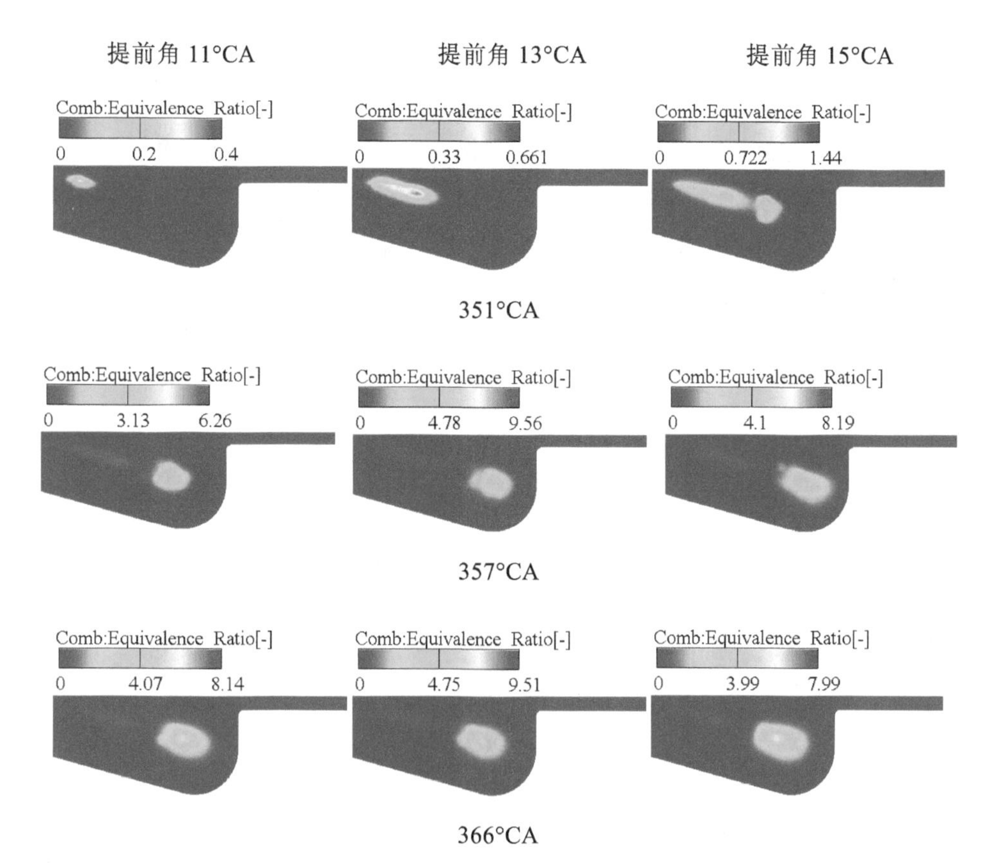

图 7.2 燃烧室内的浓度场切片图

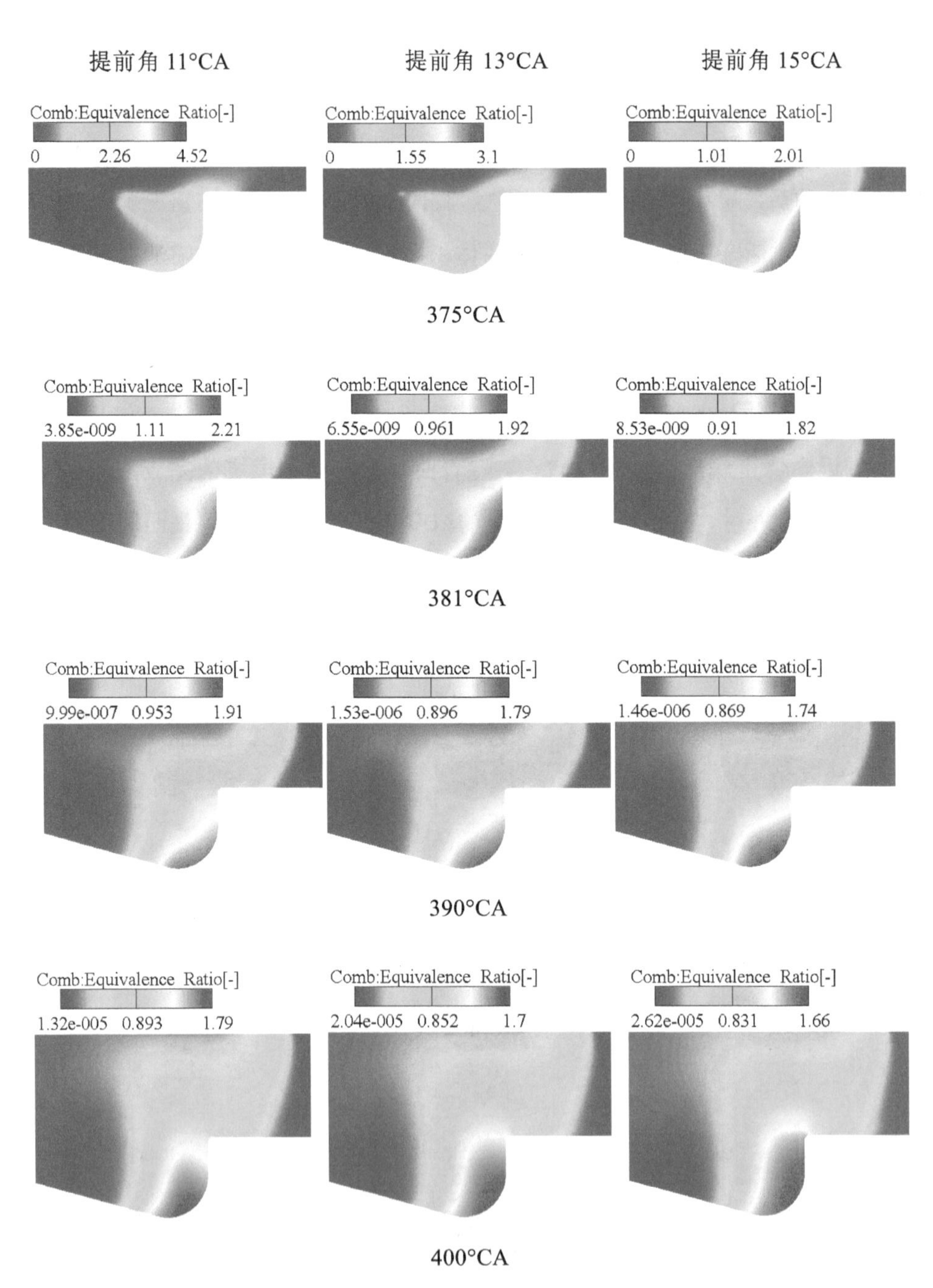

图 7.2 燃烧室内的浓度场切片图（续）

7.2 喷油提前角对燃烧过程的影响

7.2.1 缸内温度和压力分析

对于滞燃期，缸内混合气的温度、压力是影响其反应过程的最重要因素。表 7.1 列出了在不同的喷油提前角情况下，喷油时刻气缸内的最高温度和最高压力，通过对比可以看出：随着喷油提前角的不断增大，在喷油开始的时刻，缸内的最高温度和最高压力均逐渐降低。这样就使得缸内混合气体密度减小，分子运动平均自由程增大，反应物之间分子撞击机率减小，同时减弱了传热过程，增加了化学延迟和物理延迟，导致滞燃期变长。滞燃期越长，缸内形成的可燃混合气越多，会使急燃期的燃烧速率越高，放热率增大，最大爆发压力升高，有利于提高柴油机的动力性。

表 7.1 不同喷油提前角下喷油开始时缸内的最高温度及压力

喷油提前角/°CA	11	13	15
缸内最高温度/K	882	865	847
缸内最高压力/MPa	10.09	9.31	8.53

图 7.3 为不同喷油提前角时缸内温度场的比较，从图 7.3 可以看出，在上止点时刻缸内燃烧已经开始进行，温度场的差别最大，当喷油提前角增大时，燃料喷射的高温区域面积增大；随着喷油提前角的增大，燃油喷入时刻较早，滞燃期延长，着火时刻前形成的混合气较多，着火区域也比较大，温度升高比较快，所以此时平均燃烧温度比较高，最高温度出现的时刻也相应提前，整个燃烧过程提前，燃烧性能增强，但是柴油机的零件承受的机械负荷以及热负荷会急剧加重，影响自身的使用寿命；喷油提前角愈小，滞燃期时间较短，燃烧

室初期喷油量较少，使得混合气生成量降低，着火始点延后，后期随着喷油量的增加燃烧量开始急剧增加，整个燃烧过程相对滞后，导致平均温度较低，最高温度峰值较低且出现时刻相对滞后，最终影响柴油机的动力性。380°CA 后随着喷油提前角的增大，高温区域减小，温度分布趋于均匀，燃烧较早结束。

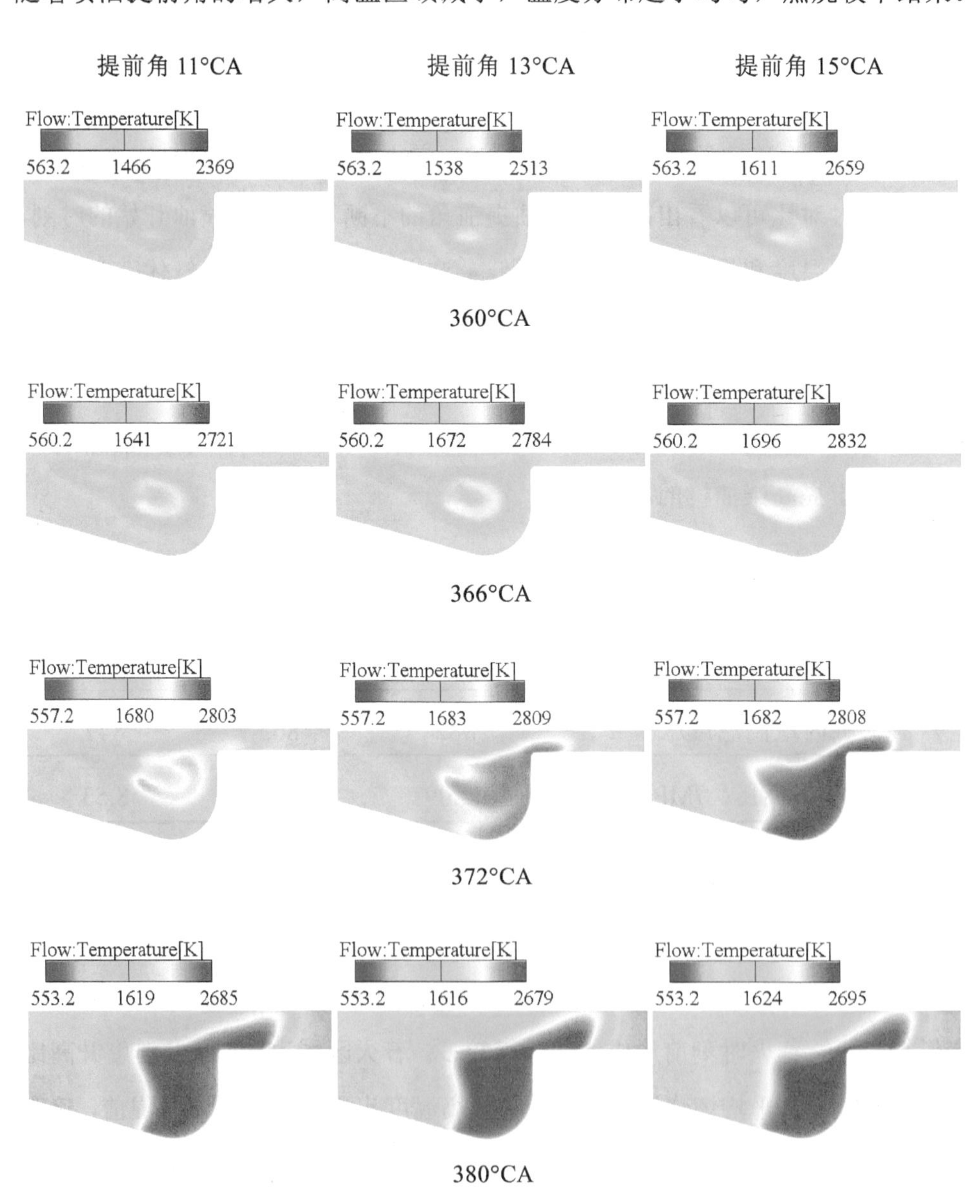

图 7.3 不同喷油提前角下缸内温度场对比

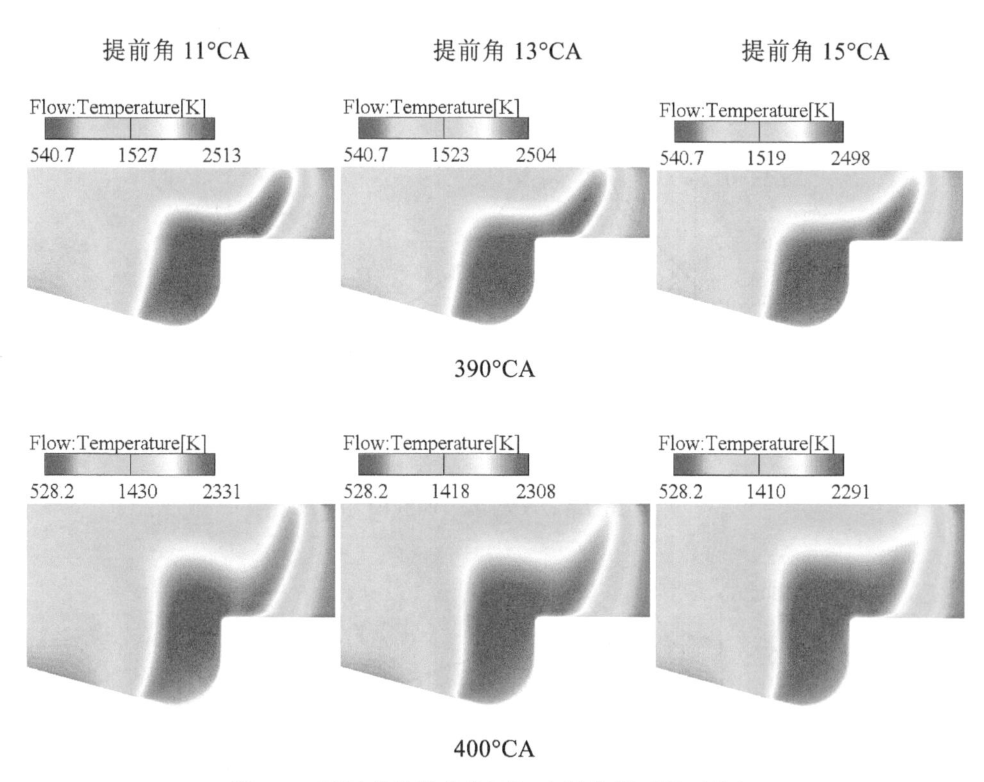

图 7.3 不同喷油提前角下缸内温度场对比（续）

图 7.4、图 7.5 分别为不同喷油提前角下缸内压力曲线与温度曲线。由图可知，随着喷油喷射时刻的提前，使得缸内的压力和温度峰值均增大，喷油提前角从 11°CA 增大到 15°CA 的过程中，爆发压力从 18.4MPa 升高到 20.6MPa，最高燃烧温度从 1701K 升高到 1775K，压力和温度的变化都很大。这是因为喷油提前角的大小决定了滞燃期的长短以及滞燃期内喷入燃烧室燃油的多少。喷油提前角越大，缸内温度较低使燃烧滞燃期变长，在滞燃期内蒸发的燃油量增加，滞燃期形成的可燃混合气和前期氧化物的数量也就越多，一旦着火，在急燃期内这些可燃混合气几乎一起燃烧，燃油急剧燃烧，缸内压力迅速升高，压力升高比较大，运动零件受到很大的冲击载荷，工作粗暴，严重的时候会出现敲缸现象。

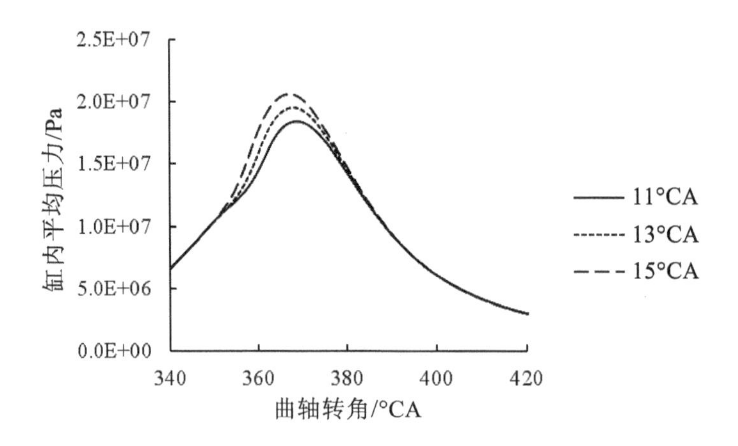

图 7.4　平均压力曲线图

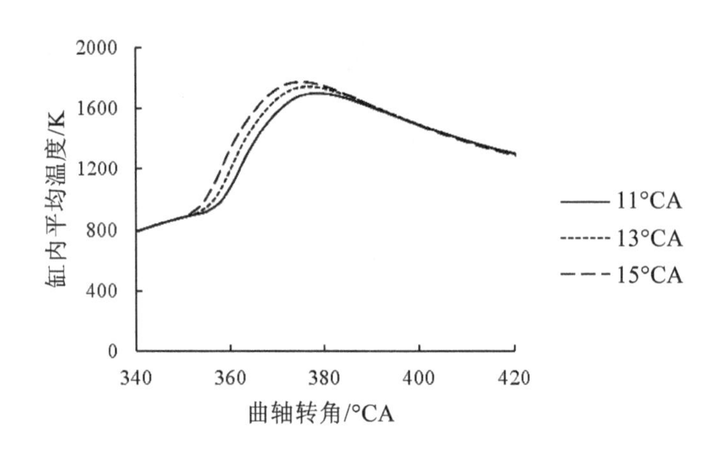

图 7.5　平均温度曲线图

7.2.2　燃烧放热分析

放热率和累计放热率曲线是用来描述缸内燃烧过程的重要参数，放热率曲线如图 7.6 所示，累计放热曲线如图 7.7 所示。由图 7.6 和图 7.7 可知，燃烧放热率的总趋势基本一致，伴随喷油提前角的增大，燃烧过程中的瞬时放热率的最大值增高，与此同时放热率的整条曲线会移动。也就是说，在其他喷油参数固定的情况下，伴随着喷油提前角的增大，缸内燃烧过程的开始时刻会提前；

同时由于喷油提前角的增大会使得燃烧反应的滞燃期加长，燃油的蒸发率升高，在滞燃期内就会使得大量混合均匀的可燃气体生成，这些可燃混合气在很短时间内快速燃烧，导致燃烧反应变得更加剧烈，整体的放热量也会升高。当喷油提前角较小时，燃烧后期活塞已经下行，燃料在较低的膨胀比下放热，所放出的热量难于有效地利用，反而使柴油机零件的热负荷增加，所以选择一个恰当的喷油提前角可以使燃料更充分的燃烧，燃烧所放出的热量得到高效的利用。

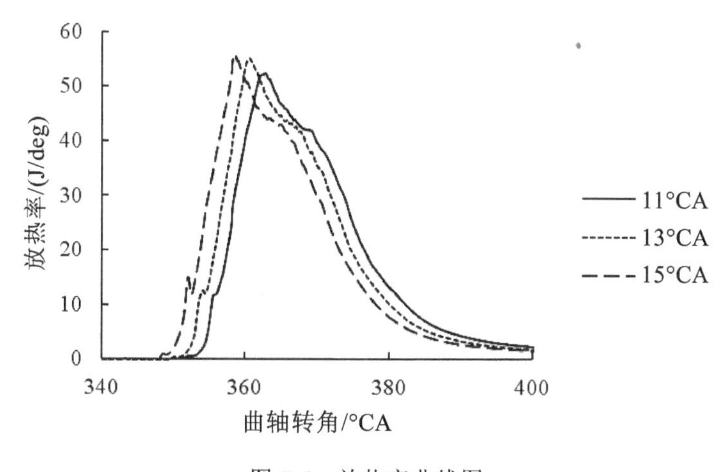

图 7.6 放热率曲线图

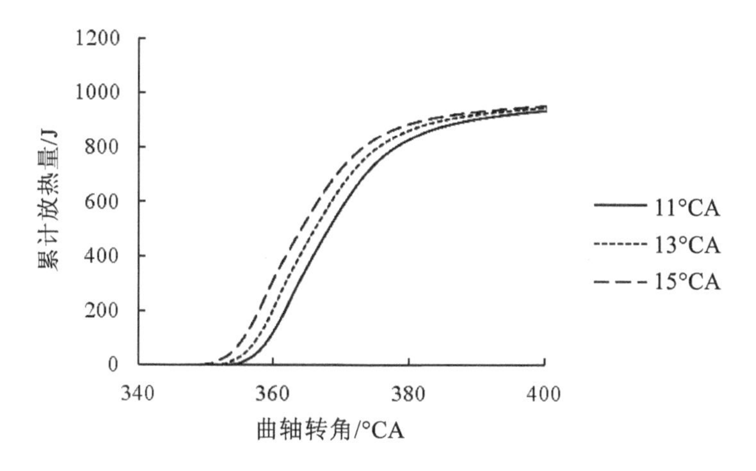

图 7.7 累计放热量曲线图

7.3 喷油提前角对排放的影响

7.3.1 氮氧化合物排放分析

图 7.8 为不同喷油提前角下，柴油机缸内氮氧化物（NO）排放的质量分数曲线图。从图中可以看出，随着喷油提前角的增大，缸内氮氧化物（NO）排放量增加，开始生成时刻逐渐提前。NO 生成量随喷油提前角的增大而增多，这是由于 NO 主要生成于高温富氧的条件之下，喷油提前角越大，由于滞燃期变长，着火时刻的燃油蒸发率变大，在滞燃期内形成大量混合均匀的气体，混合气的极速燃烧形成了高温富氧的环境，引起 NO 的生成浓度逐渐增大，排放量增加。喷油提前角较小时，缸内推迟喷油，使缸内最高燃烧温度和压力都降低，燃烧柔和，NO 排放减小。

燃烧室内 NO 质量分数分布如图 7.9 所示，由图 7.8 和图 7.9 可以看出，在 366°CA 时，NO 已经开始在燃烧室的高温已燃区内生成，但其生成滞后于火焰的传播，随着燃烧过程的进行，生成的 NO 随着缸内气流的运动迅速扩散开；在 372°CA 时，NO 的生成速度迅速增加，到 380°CA 至 390°CA 时，NO 的生成量生成速度达到最大值，并随着燃烧的进行，燃烧室内温度差减小，NO 的生成区域随之增大，向整个燃烧室扩散。400°CA 时燃烧已基本结束，由于活塞的下移，缸内温度不断降低，并达到了 NO 的冻结温度，此后其生成量便基本保持不变，NO 的生成区域和时间与温度场分布相似，因为 NO 的生成主要受温度影响。同时喷油提前角越大，NO 生成量越多，NO 开始生成的时刻越早，如 372°CA 时 NO 的浓度数值和范围随喷油提前角的增大而增大。

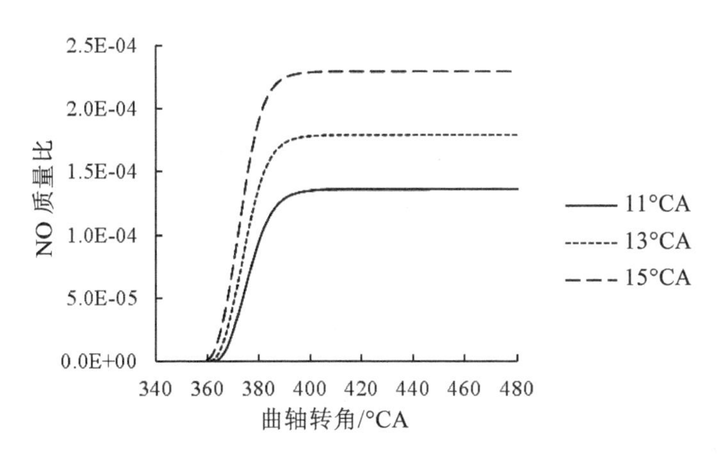

图 7.8 不同喷油提前角 NO 质量分数

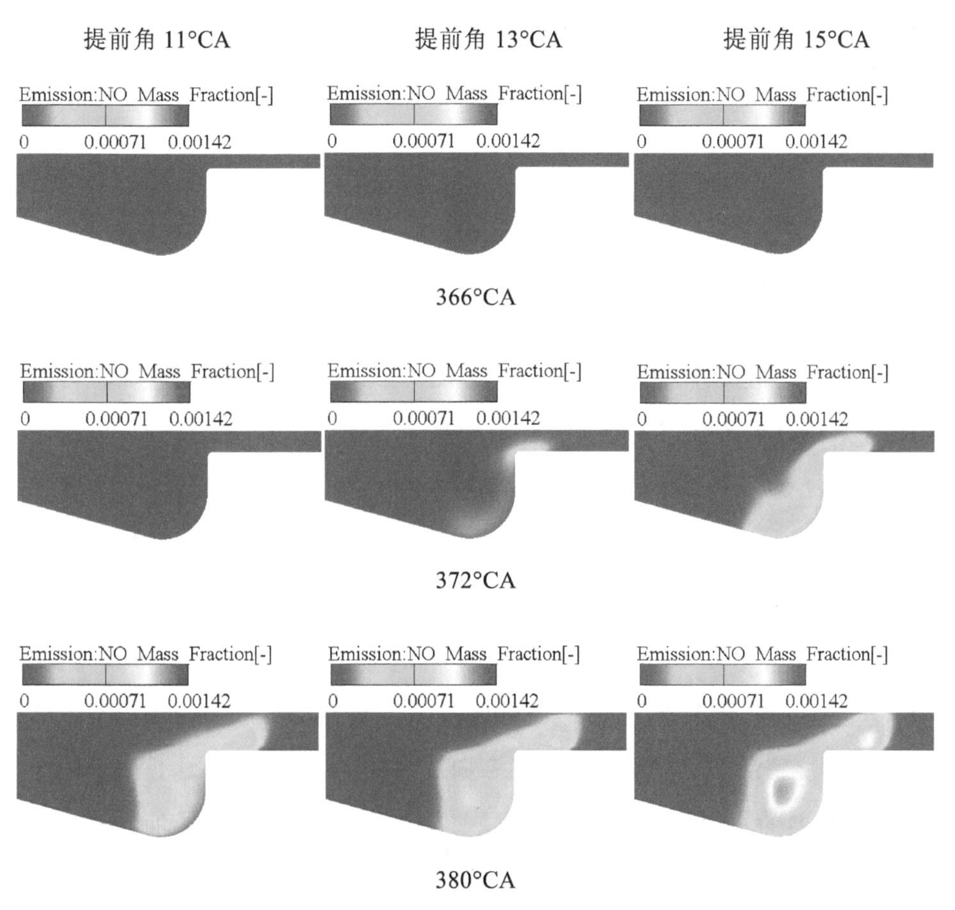

图 7.9 NO 质量分数分布图

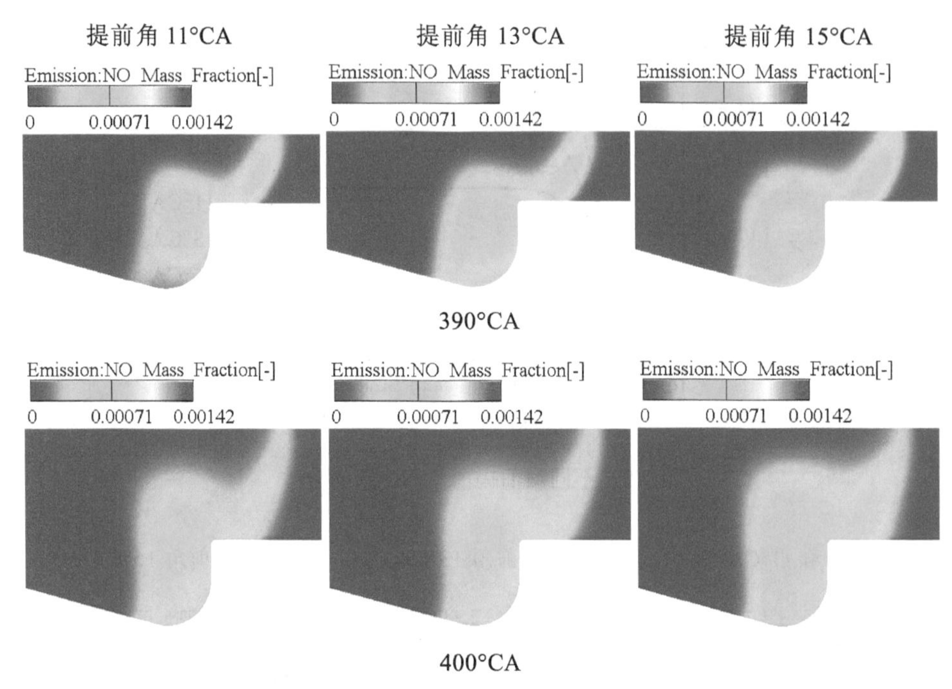

图 7.9 NO 质量分数分布图（续）

7.3.2 碳烟排放分析

图 7.10 为碳烟排放质量分数图，由图可知，碳烟的生成量在曲轴转角为370°CA 附近达到最多，而且喷油提前角越大，碳烟生成量曲线的峰值越低，且碳烟生成时刻愈加提前，说明排放物中碳烟的质量分数也就越小，也就是说增加喷油提前角可以抑制碳烟的产生，并且燃烧后期碳烟的质量分数迅速降低，这是因为随着燃烧的继续，生成的碳烟大部分被氧化成了其他生成物。

碳烟质量分数分布图如图 7.11 所示，由图 7.10 和图 7.11 可知，碳烟在360°CA 时开始逐渐生成，主要分布在燃油比较密集的区域，即燃烧室底部及边缘，由燃烧室活塞上表面的内壁逐渐向下扩散到凹进部分。这是由于碳烟主要产生于燃料的不均匀燃烧，在高温缺氧的条件下，温度越高，油气混合越不均匀，燃烧就越不充分，在高温条件下燃油便裂解生成碳烟颗粒，碳烟的生成量就越多。喷油提前角越大，碳烟生成时刻越提前，碳烟越集中于活塞上表面的凹进部分，且范围越来越大。

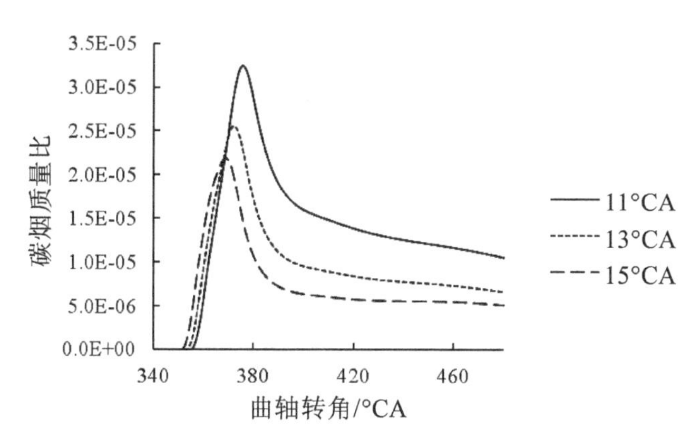

图 7.10　不同喷油提前角碳烟质量分数

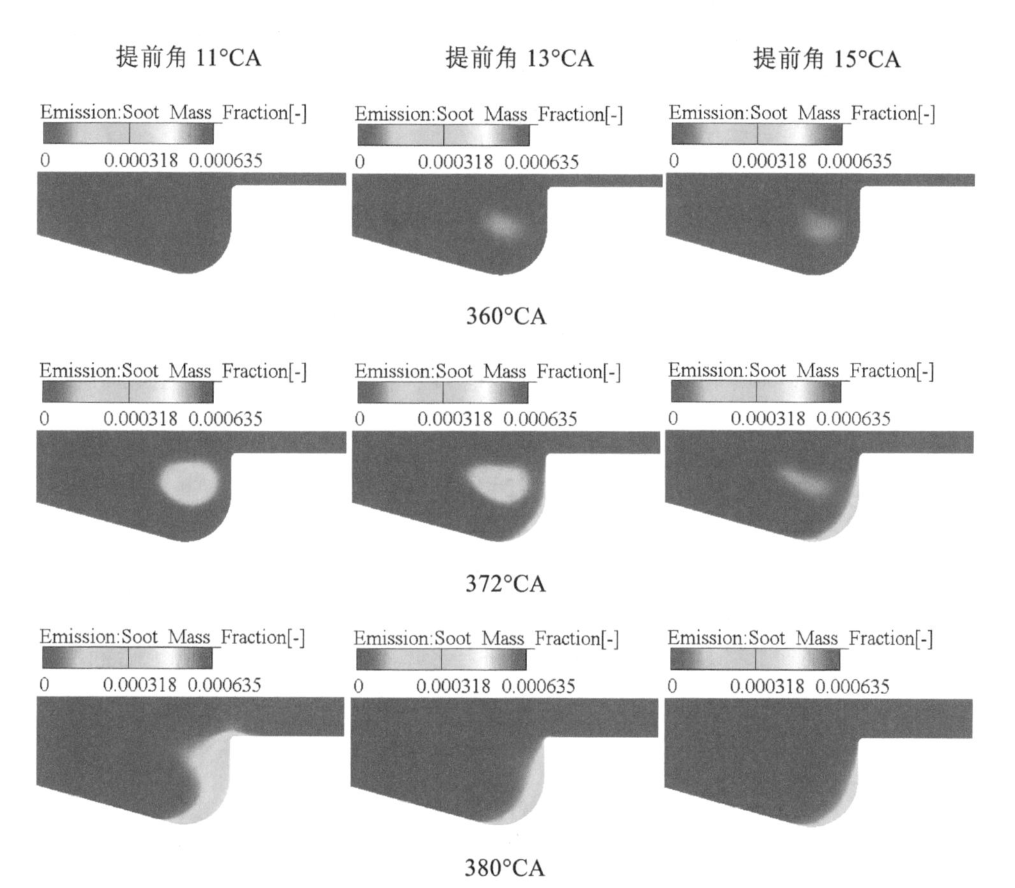

图 7.11　碳烟质量分数分布图

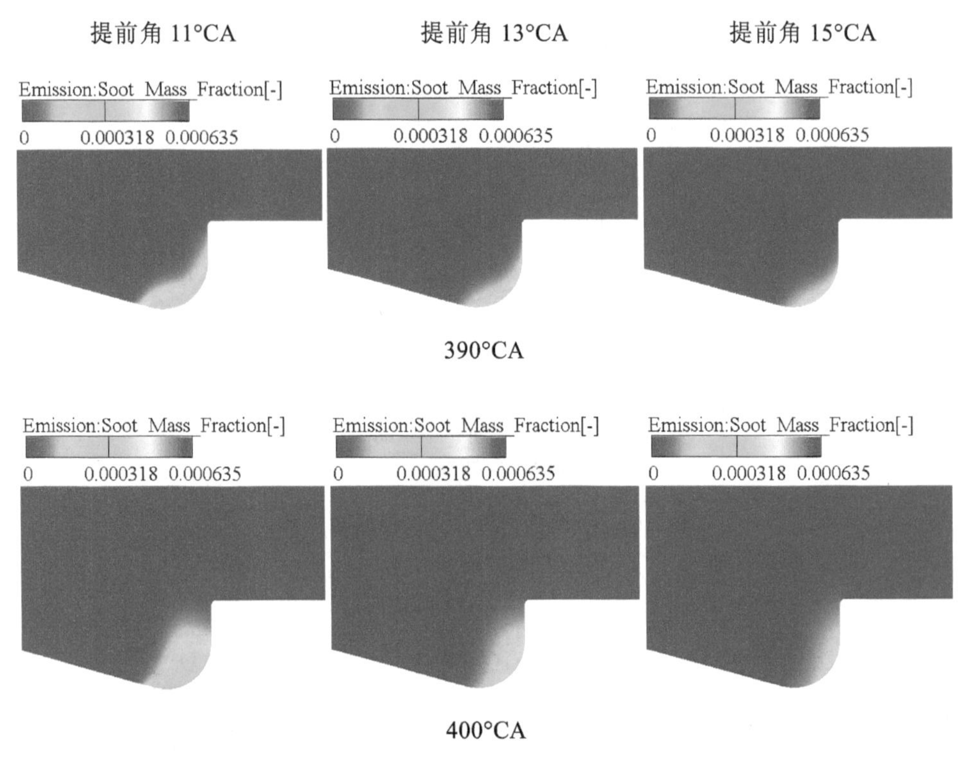

图 7.11 碳烟质量分数分布图（续）

从图 7.8 和图 7.10 可知，喷油提前角对氮氧化合物和碳烟排放的影响是相反的，因此要控制柴油机燃烧过程的废气排放，要选取合适的喷油提前角。

7.4 本章小结

本章使用 FIRE 软件分别对三种不同喷油提前角下柴油机的性能进行了仿真模拟，并且对于模拟结果有选择性地进行了具体分析，分别分析了喷油提前角对柴油机燃烧和排放的影响，分析结果也符合预先的判断，并初步得出了一些结论。

（1）在不同的柴油机喷油始点处，燃烧室内速度场的总体分布差别并不是很明显。

（2）高温燃烧区域的分布随着喷油提前角的增大而变得更接近气缸壁面，燃烧过程反应剧烈；喷油提前角越大，燃油与空气混合越均匀，平均压力越高。

（3）喷油提前角的增大会使滞燃期加长，放热率升高。

（4）喷油提前角的增大，使得缸内燃烧过程的 NO 的生成量逐渐增大，碳烟的生成量逐步降低。

第 8 章　EGR 对柴油机性能的影响

EGR 是在换气过程中，将已排出气缸的废气的一部分再次引入进气管与新鲜充量一起进入气缸的过程。随着 EGR 的实施，气缸内废气量增多，但这不等于残余废气系数的增加。残余废气系数是从评价气缸换气能力的角度定义排气后保留在气缸内的废气量的相对值。残余废气系数大，表明气缸换气效果不良，直接造成充气效率降低。而 EGR 是用来调节混合气的组成成分，提高混合气的总热容，由此控制燃烧速率，降低最高燃烧温度，达到保持动力性和经济性基本不变的条件下降低 NO_x 排放量的。充气效率是指进入气缸的混合气的量，直接影响柴油机的动力性；而 EGR 是控制进入气缸的混合气的成分，影响混合气的排放特性。随着排放法规的日趋严格，现代车用柴油机上 EGR 系统已成为不可缺少的一部分。但是过多的 EGR 使得气缸内废气量过多，直接阻碍燃烧过程，造成经济性下降、碳烟排放恶化。因此，根据不同工况需要精确控制再循环废气量，即混合气质量成分，EGR 率定义如下：

$$\phi_{EGR} = \frac{m_{EGR}}{m_1} \tag{8.1}$$

式中，ϕ_{EGR} 为 EGR 率；m_{EGR} 为参与再循环的排气的质量；m_1 为新鲜充量的质量。

本书在保证其余条件都不改变的前提下，运用 FIRE 软件对 EGR 率分别为 0、0.05、0.10 和 0.15 四种情况的燃烧过程进行了模拟计算，分析了 EGR 率对柴油机燃烧及排放的影响，为柴油机 EGR 率的选择提供了有力的依据。

8.1 EGR对燃烧过程的影响

8.1.1 燃烧放热分析

图8.1和图8.2分别是不同EGR率对应的瞬时放热率曲线和累积放热率曲线，由图可以看出，随着EGR率的增加，累积放热量降低，放热始点也向后推移，这是由于EGR具有化学反应惰性，比热容高等特点，EGR又稀释了缸内的新鲜空气，随着EGR率的增大，缸内混合气体的比热容也随之增大，压缩过程温度上升更慢，因此需要更多的时间才能达到燃烧条件，混合气体开始燃烧后，由于EGR增大而造成缸内空气“不足”，可燃混合气的比例降低，放热峰值降低。

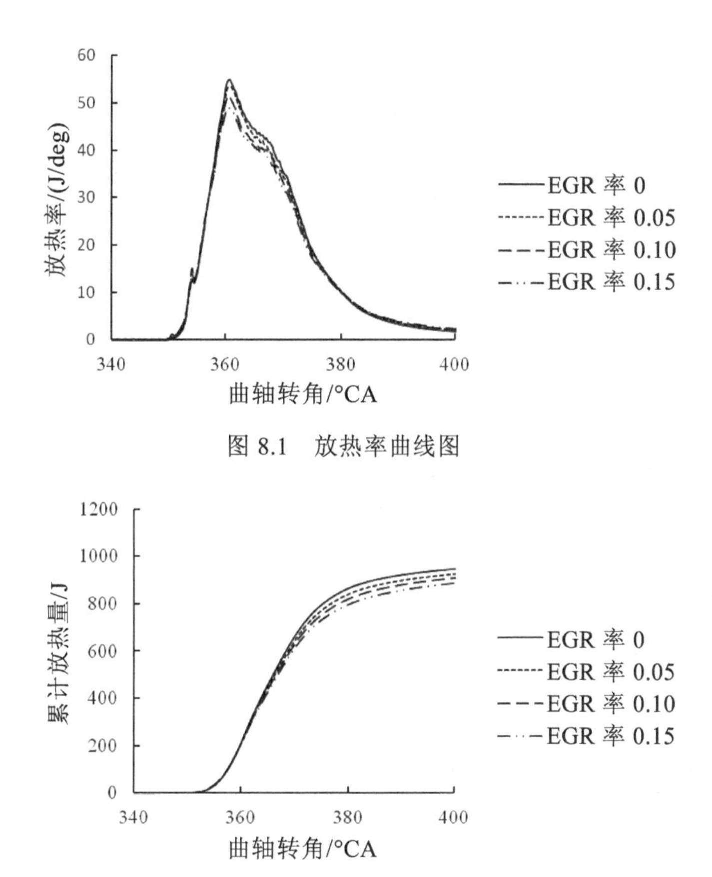

图8.1 放热率曲线图

图8.2 累计放热量曲线图

8.1.2 缸内当量比分析

为了探究不同 EGR 率对油气混合的影响，本书通过缸内当量比随曲轴转角的变化过程来进行分析。图 8.3 是不同 EGR 率在 351°CA、360°CA 及 375°CA 时缸内当量比的分布，由图 8.3 可以看出，从喷油开始时，燃油逐渐就分布在油束附近，随着喷油的持续，燃油开始向整个缸内扩散，直到碰壁附着，随着 EGR 率的增大，缸内新鲜空气的比例也逐渐降低，导致当量比随着 EGR 率的增大而不断增大，当量比过大会导致燃烧效率降低，进而影响柴油机的效率及增加碳烟的排放。因此从燃油混合这个角度，应控制 EGR 率。

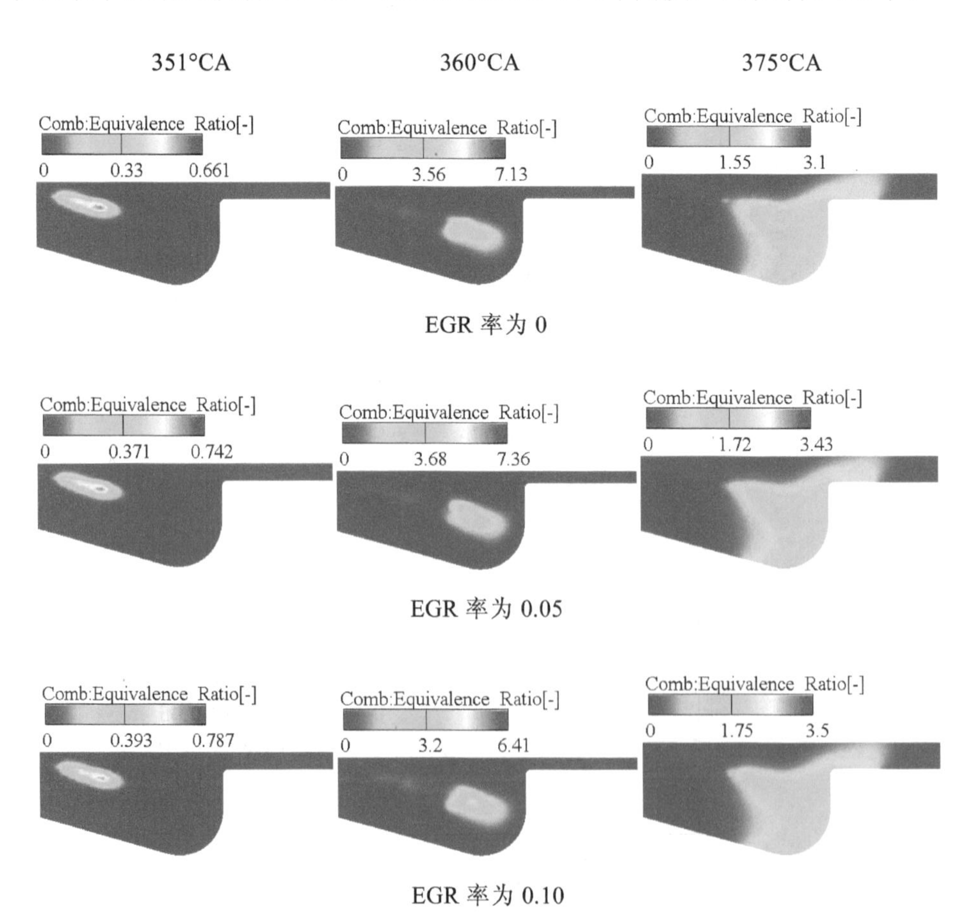

图 8.3 不同 EGR 率下缸内当量比对比

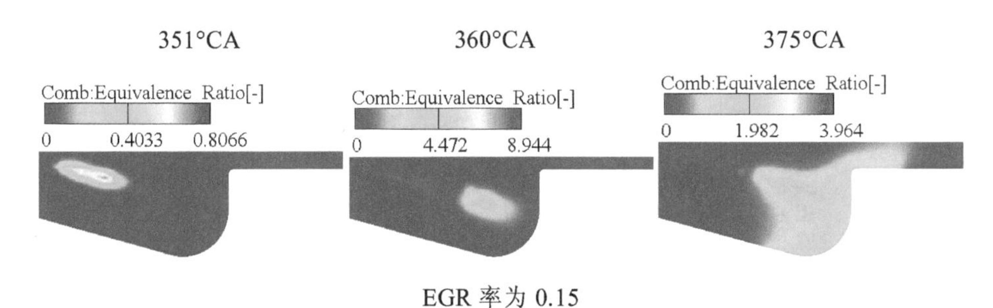

EGR 率为 0.15

图 8.3 不同 EGR 率下缸内当量比对比（续）

8.1.3 缸内温度和压力分析

图 8.4 是不同 EGR 率对应的缸内压力曲线图，由图中可以看出，随着 EGR 率的增加，缸内平均压力降低，压力升高率也降低，EGR 能够使柴油机工作更加平稳。图 8.5 是 EGR 率对缸内平均温度的影响曲线图，由图 8.5 可以看出，温度曲线变化趋势与压力曲线类似，EGR 对缸内平均温度影响非常大，当 EGR 为 0 时，最高温度可以达到 1741K，温度上升率也非常大，随着 EGR 率增大，燃烧开始推迟，峰值温度也降低较快。表 8.1 可以看出，EGR 为 0 与 EGR 为 0.15 的峰值温度相差 94K，但峰值所在的曲轴转角基本相同，这说明 EGR 率对燃烧的程度影响较大，可以使燃烧变得平缓，从工作稳定性来说可以适当增加 EGR 率。

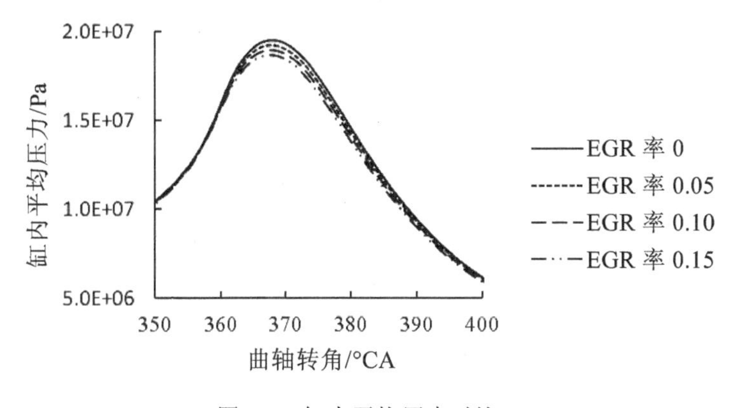

图 8.4 缸内平均压力对比

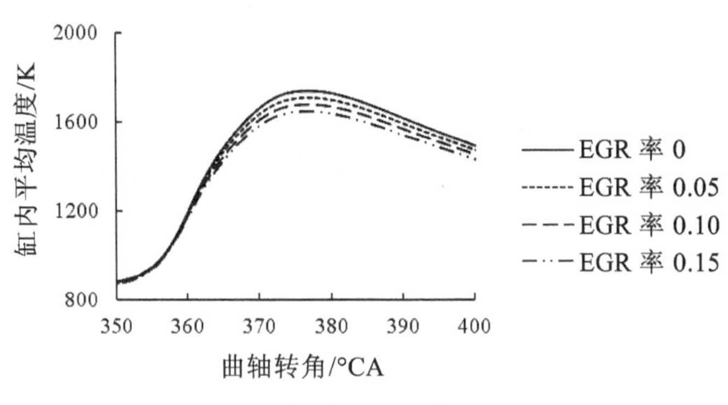

图 8.5 缸内平均温度对比

表 8.1 不同 EGR 率下缸内最高温度对应曲轴转角

EGR 率	0	0.05	0.10	0.15
最高温度/K	1741	1709	1678	1647
最高温度对应曲轴转角/°CA	377	377	376.5	376.5

图 8.6 是不同 EGR 率在上止点（360°CA）及其对应最高温度时（377°CA）的温度云图。由图可以看出在 360°CA 时，EGR 率为 0 的燃烧已经从油束附近向整个燃烧室延伸，缸内的高温区域已经比较大，随着 EGR 率的增大，有些区域的燃烧还未开始，燃烧就在油束附近。从 377°CA 时缸内温度云图可以看出，这时燃油喷射已经全部完成，燃烧主要集中在燃烧室边缘，但由图可以看出，当 EGR 为 0 时缸内局部的最高温度达到 2718K，当 EGR 为 0.15 时缸内的最高温度只有 2461K，相差 257K，可以看出 RGE 率可以抑制最高燃烧温度，由云图也可以看出，EGR 率越高，燃烧过程在缸内分布越均匀。

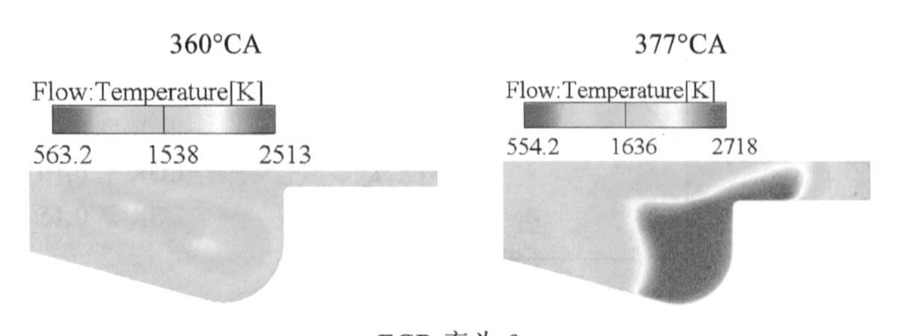

EGR 率为 0

图 8.6 不同 EGR 率下缸内温度场对比

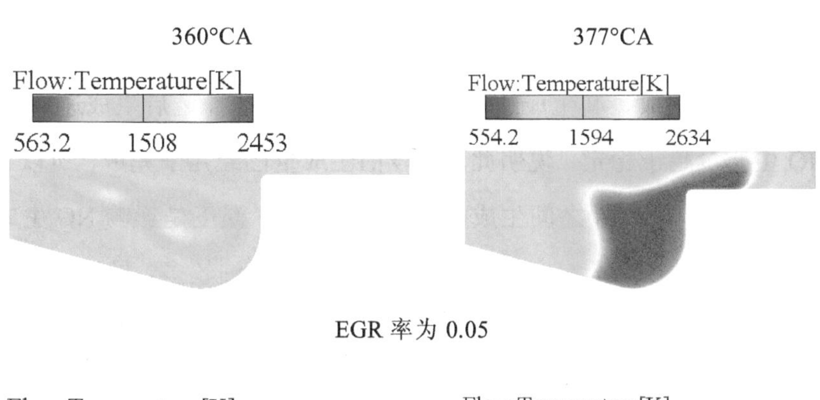

EGR 率为 0.05

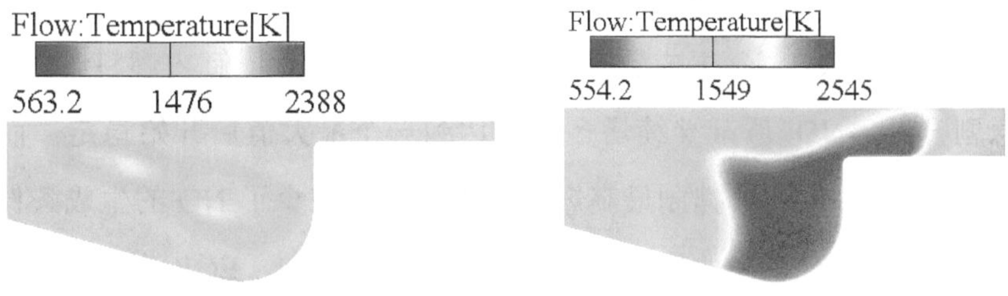

EGR 率为 0.10

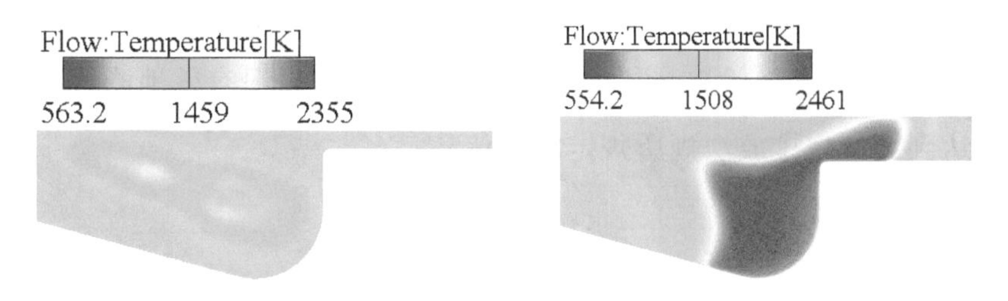

EGR 率为 0.15

图 8.6　不同 EGR 率下缸内温度场对比（续）

8.2　EGR 对排放的影响

8.2.1　氮氧化合物排放分析

图 8.7 为不同 EGR 率工况的 NO 质量分数变化历程对比，图 8.8 为缸内 NO 生成速率比较。表 8.2 是 NO 的最大生成率及 NO 的最大质量分数值。由

上述数据可以得出，加入 EGR 后，NO 的变化历程和无 EGR 时类似，在上止点之后开始快速生成，其生成速率始终大于 0，390°CA 之后生成速率趋于 0，同时 NO 生成量趋于稳定，说明此时 NO 的生成量已经几乎完成，所以 NO 集中在燃烧始点到 390°CA 之间生成。前文分析得知，温度是影响 NO 生成的主要条件，在上止点前处于定容燃烧阶段，这时缸内燃油较多，虽然此时空气密度较大，氧气充足，但是缺少热力 NO 的必要条件——高温（由图 8.5 可知），所以在此燃烧阶段几乎不生成 NO。在达到上止点时，燃烧时体积还在降低，局部温度升高很快，NO 生成急剧增加，随着活塞下行，缸内燃料燃烧更快，温度急剧升高，NO 质量继续增多，并达到一个最大值后开始稳定。而随着 EGR 的增大，EGR 能够抑制最高燃烧温度，也就减少了 NO 的生成条件，因此 NO 的生成随着 EGR 的增大而降低。由表 8.2 可知，EGR 率为 0 时的 NO 最大生成速率是 EGR 率为 0.05、0.10、0.15 的 2 倍、4.2 倍、9.2 倍，5%的 EGR 就可使 NO 最终生成量比无 EGR 时降低 50%，当 EGR 率达到 15%时 NO 最终生成量比无 EGR 时降低 89.6%，所以，利用 EGR 可以很有效地降低 NO 排放量，以达到严格的排放法规所规定的限值。

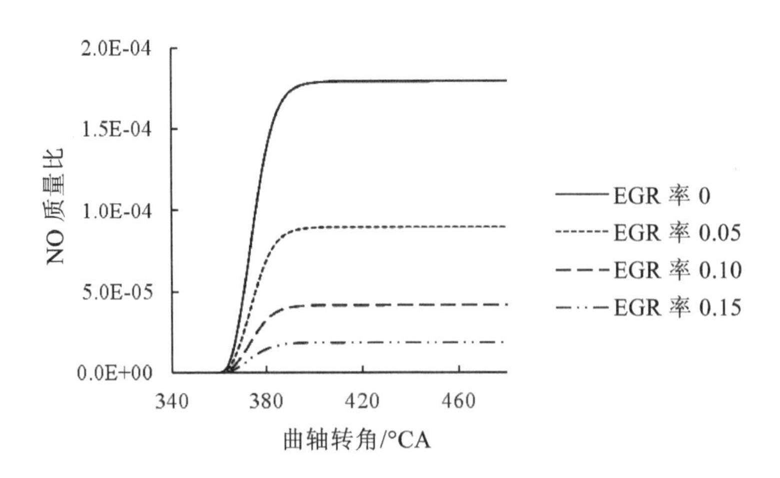

图 8.7　不同 EGR 时 NO 的质量分数曲线图

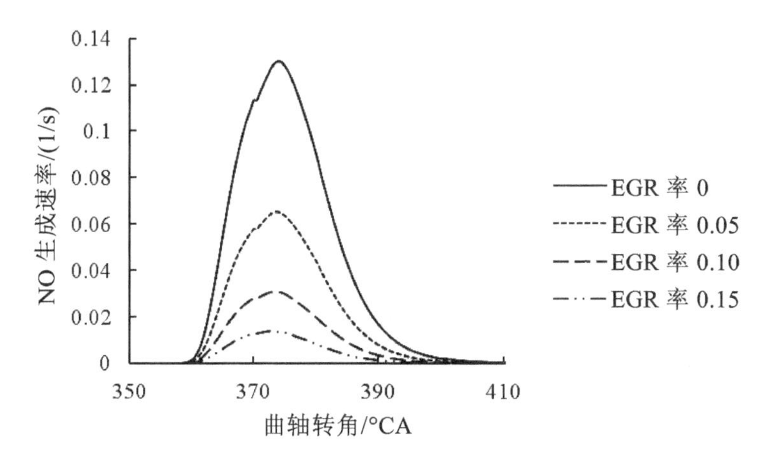

图 8.8 EGR 率对 NO 生成率的影响

表 8.2 EGR 率对 NO 生成的影响

EGR 率	0	0.05	0.10	0.15
NO 最大生成速率/（1/s）	0.1304	0.0653	0.0310	0.0142
最大生成率对应曲轴转角/°CA	374	373.5	373.5	373
NO 生成的质量分数	1.79E-4	8.95E-5	4.19E-5	1.87E-5
与无 EGR 相比 NO 生成量降低程度	0	50%	76.6%	89.6%

8.2.2 碳烟排放的分析

图 8.9 和图 8.10 分别是不同 EGR 率下碳烟生成曲线及碳烟的生成率曲线，从图中可以看出，加入 EGR 后，碳烟的变化历程和没有 EGR 类似，在 365°CA 左右开始快速生成，375°CA 左右缸内碳烟的量达到峰值，这个区间对应的缸内温度较高的阶段，即接近 1650K～1750K 这个区间，之后开始下降。在后期氧化时氧化速度都是先急后缓的变化。随着 EGR 的增加，缸内碳烟的生成质量及生成速率都明显增大，这是因为废气中本身含有未燃烧碳烟，当废气再进入进气管与空气混合就引进了碳烟，而随着 EGR 率的增大，就会造成进入气缸的空气中的氧含量降低。就会使缸内局部缺氧更为严重，导致碳烟排放增加，

另外，前文中提到加入 EGR 后，缸内的最高燃烧温度就会降低，这样也降低了生成碳烟的氧化速率。上面两个原因综合起来就导致碳烟生成快，氧化慢，最终引起碳烟量的增加。同时从表 8.3 可以看出随着 EGR 率增大，碳烟峰值和排放值都有不同程度的增加。当 EGR 率达到 0.15 时，碳烟峰值生成速率比 EGR 率为 0 时增加了 46%，碳烟峰值排放值比 EGR 率为 0 时增加了 165%。因此从碳烟排放角度来说，只能加入小当量的 EGR。

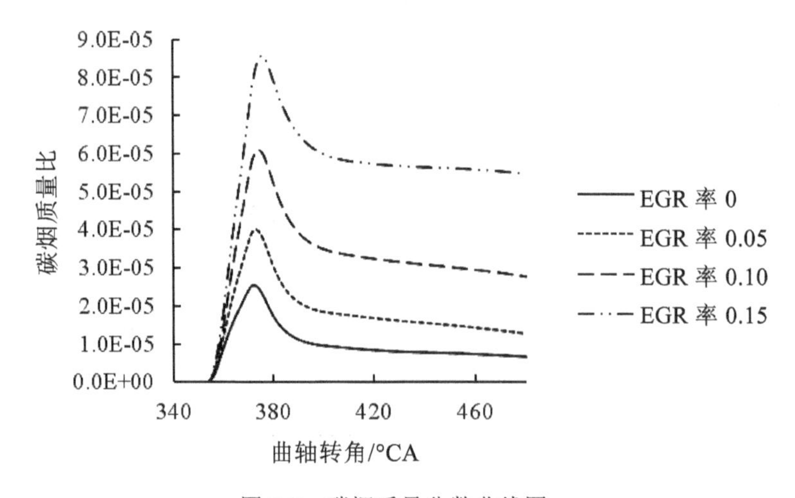

图 8.9　碳烟质量分数曲线图

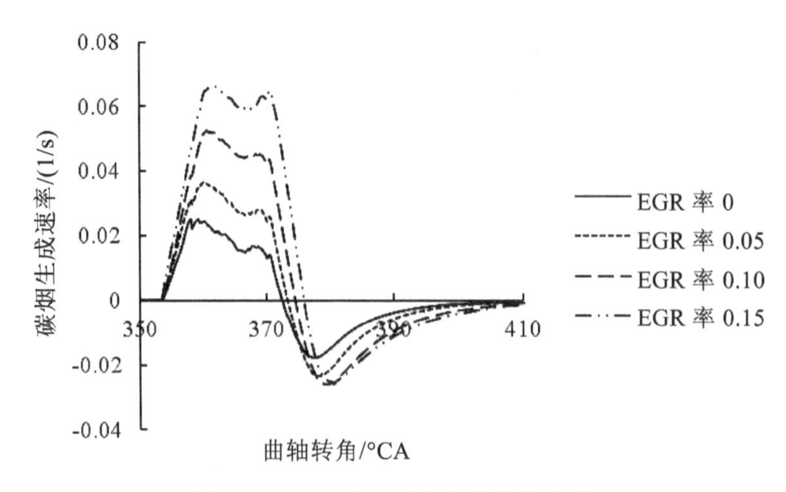

图 8.10　EGR 率对碳烟生成率的影响

表 8.3 EGR 率对碳烟生成的影响

EGR 率	0	0.05	0.10	0.15
碳烟最大生成速率/（1/s）	0.025	0.0365	0.0524	0.0663
碳烟生成的峰值质量分数	2.56E-5	4E-5	6.11E-5	8.56E-5
与无 EGR 相比碳烟生成峰值量增加程度	0	56%	139%	234%

8.3 本章小结

本章使用 FIRE 软件分别对四种不同 EGR 率下柴油机的性能进行了仿真模拟，并且对于模拟结果有选择性地进行了具体分析，分别分析了 EGR 率对柴油机燃烧和排放的影响，分析结果也符合预先的判断，并初步得出了一些结论。

EGR 能够有效地降低柴油机的燃烧温度及爆发压力，使燃烧更加温和，因此加入合适的 EGR 能够使柴油机的燃烧更加合理。EGR 能够有效地降低 NO 的排放，EGR 率为 0.15 的 NO 排放比 EGR 率为 0 的下降了 89.6%。EGR 能够增加碳烟的排放，由于 EGR 会降低缸内燃烧温度及过量空气系数，因此加入 EGR 会导致燃料局部氧气不足，导致碳烟排放的增加，当 EGR 率为 0.15 时碳烟峰值排放值比 EGR 率为 0 时增加了 165%。因此，从碳烟排放角度，可以适当地加入 EGR。

第 9 章　喷油规律对柴油机性能的影响

喷油规律曲线对柴油机性能具有重要影响，除了最大喷油速率与喷油持续期以外，喷油规律曲线的合理形状也是人们努力追求的目标，人们根据长期在燃料供给系统与柴油机匹配方面的经验，提出了建立喷油规律曲线合理形状的原则：初期喷油率要低，主喷射阶段喷油率应逐步增大，后期喷射率应快速下降（断油干脆）。喷油规律曲线直接影响柴油机的燃烧和放热的进程。在保证循环喷油量和喷油持续期不变的前提下，本书选取了四种典型的喷油规律形状，分别是矩形、楔形、斜坡形、梯形喷油规律，如图 9.1 所示，运用 FIRE 软件分别对四种不同喷油规律形状时的燃烧过程进行了模拟计算，分析了喷油规律形状对柴油机燃烧及排放的影响，为柴油机喷油规律形状的选择提供了有力的依据。

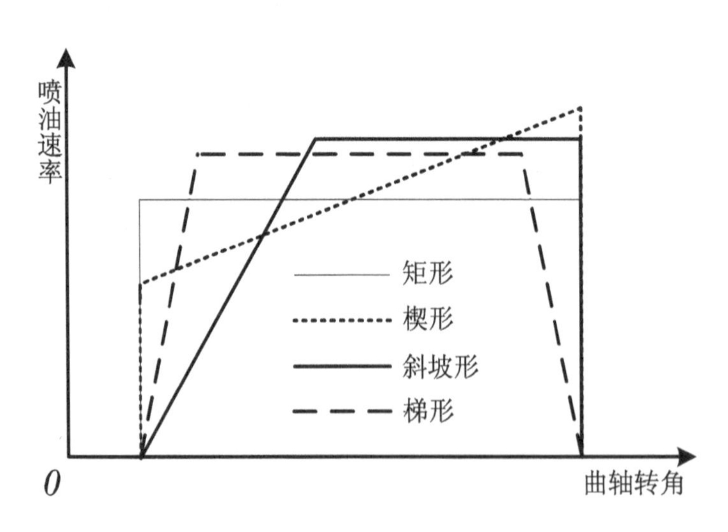

图 9.1　喷油规律曲线形状

9.1 喷油规律对滞燃期的影响

滞燃期的定义为从喷油始点到着火始点之间的时间间隔。在滞燃期内，喷入气缸的燃料经历雾化、加热、蒸发、扩散与空气混合等物理准备阶段以及着火前的化学准备阶段。滞燃期是燃烧的一个重要参数，滞燃期虽短，但其直接影响到急燃期的燃烧，并对整个燃烧过程的影响很大，特别是对柴油机影响更大。

着火始点是影响燃烧过程的一个重要参数，通过观察缸内的温度分布，当在某个时刻缸内的温度峰值突然急剧升高，我们便认为这个时刻为着火始点，并通常用这个时刻的曲轴转角来表示，如表 9.1 为得到的不同喷油规律的着火始点和滞燃期。由表 9.1 可知，当喷油始点相同时，着火始点从先早到晚的顺序是：矩形喷油规律、楔形喷油规律、梯形喷油规律、斜坡形喷油规律。对应的滞燃期从长到短依次为：斜坡形喷油规律、梯形喷油规律、楔形喷油规律、矩形喷油规律。

表 9.1 不同喷油规律的着火始点和滞燃期

喷油规律	喷油始点/°CA	着火始点/°CA	滞燃期/°CA
矩形	347	350.2	3.2
楔形	347	354.2	7.2
斜坡形	347	358.2	11.2
梯形	347	355.2	8.2

滞燃期的长短与预混合气形成的时间密切相关，图 9.2 为喷油规律对雾化索特平均直径 SMD 的影响，图 9.3 为喷油规律对喷油贯穿距离的的影响。一般认为 SMD 越小，雾化质量越好，喷油速率越大，油束表面波动越剧烈，雾化的细度越高，预混合气越容易形成。因此从图 9.2 可知，喷油初期矩形

和楔形喷油规律 SMD 较小，雾化细，有利于燃油快速蒸发，缩短了预混合气形成时间。斜坡形喷油规律的油滴粒径最大，使得燃油蒸发速率慢，预混合气形成时间长，滞燃期长。从图 9.3 可看出，喷油规律不同，喷雾的贯穿距离不同。矩形和楔形喷油规律下喷雾的初期喷油速率快，贯穿能力强，燃油喷雾与周围空气相互作用，使得与缸内的气流接触面积大，有利于加快预混合气的形成。

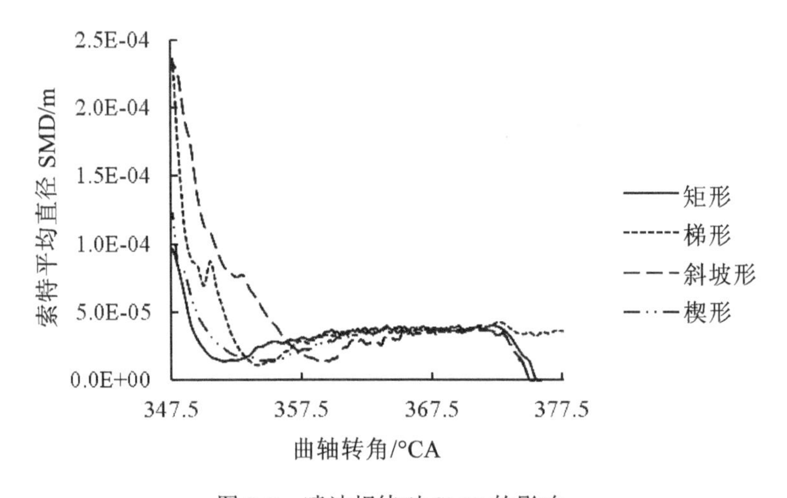

图 9.2 喷油规律对 SMD 的影响

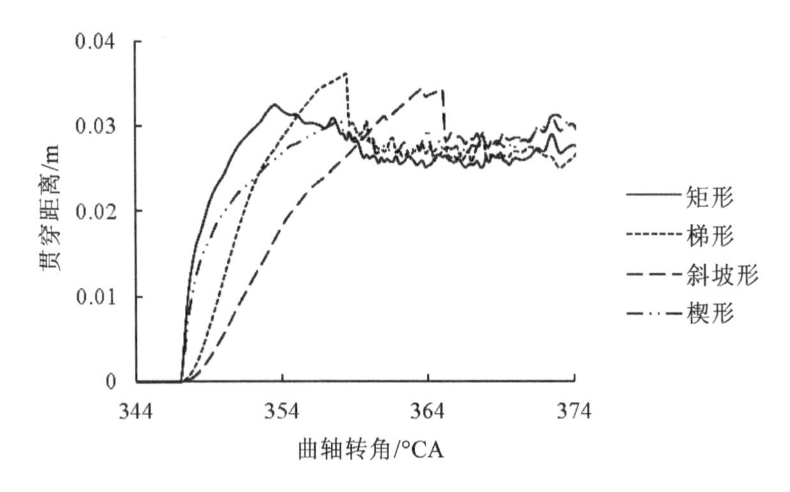

图 9.3 喷油规律对贯穿距离的影响

图 9.4 为喷油规律曲线形状对柴油蒸发量的影响。在 361°CA 左右，梯形喷油规律柴油蒸发率超过矩形喷油规律，且在 374°CA 之前一直比其他三种喷油规律柴油蒸发率高。矩形喷油规律柴油蒸发率最低且曲线变化平缓，这是因为其后期喷油速率低，柴油雾化效果差。

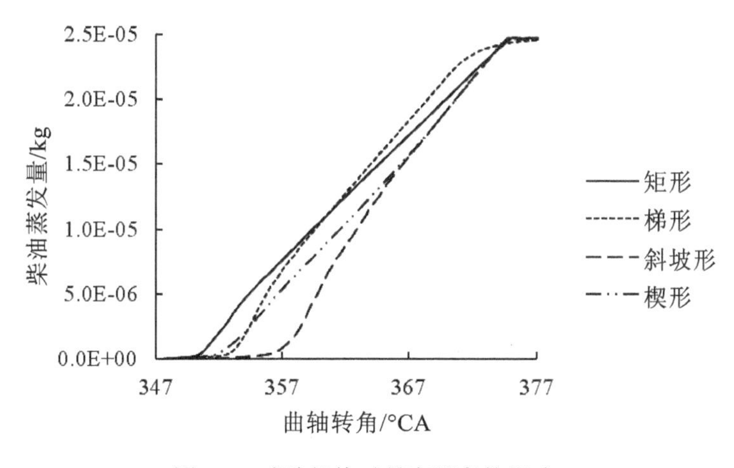

图 9.4　喷油规律对贯穿距离的影响

9.2　喷油规律对燃烧过程的影响

图 9.5 为喷油规律曲线形状对放热率的影响。放热率曲线峰值由大到小依次为斜坡形、梯形、楔形和矩形喷油规律。虽然斜坡形喷油规律滞燃期内燃油蒸发率比梯形喷油规律稍低，但扩散燃烧效果好，二者的综合作用使放热率峰值最大。同理，楔形喷油规律放热率曲线峰值也高于矩形喷油规律。在 365°CA～375°CA 时，矩形和梯形喷油规律放热率较低，原因是在同一曲轴转角下矩形和梯形喷油规律柴油蒸发率大，大量燃料在上止点附近进行了燃烧。图 9.6 为喷油规律曲线形状对累计放热量的影响。虽然矩形喷油规律的最终累计放热量最低，但其在 360°CA 附近的累计放热量最大，燃烧等容度较高，最终将会使缸内温度和压力得到提高。

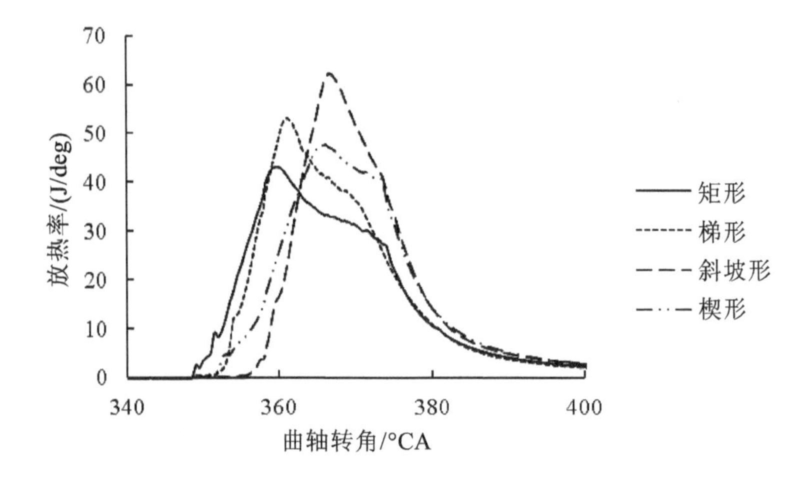

图 9.5 喷油规律对放热率的影响

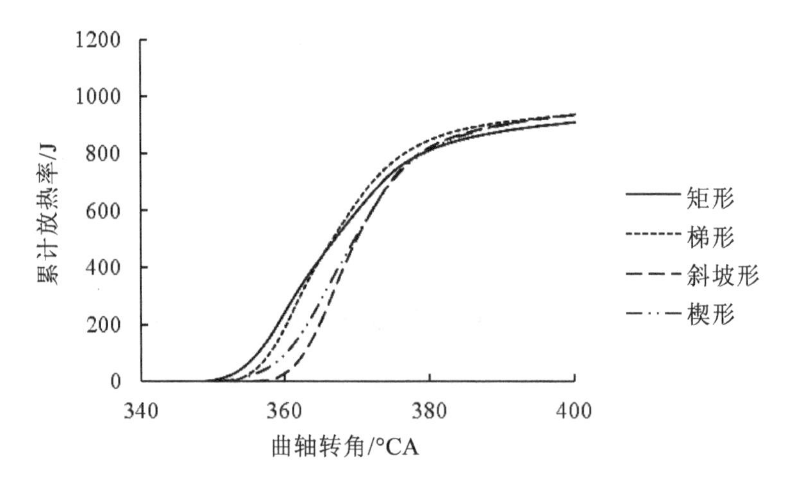

图 9.6 喷油规律对累计放热量的影响

图 9.7 和图 9.8 分别为喷油规律对缸内平均压力和平均温度的影响。梯形和矩形喷油规律的压力峰值和温度峰值相对较高，原因是其放热集中在上止点附近，燃烧等容度较高。斜坡形喷油规律参与预混燃烧的柴油量较多，柴油容易被气流卷吸到燃烧室上方未燃区域重新获得氧气继续燃烧，因而后期温度比矩形和梯形喷油规律高。

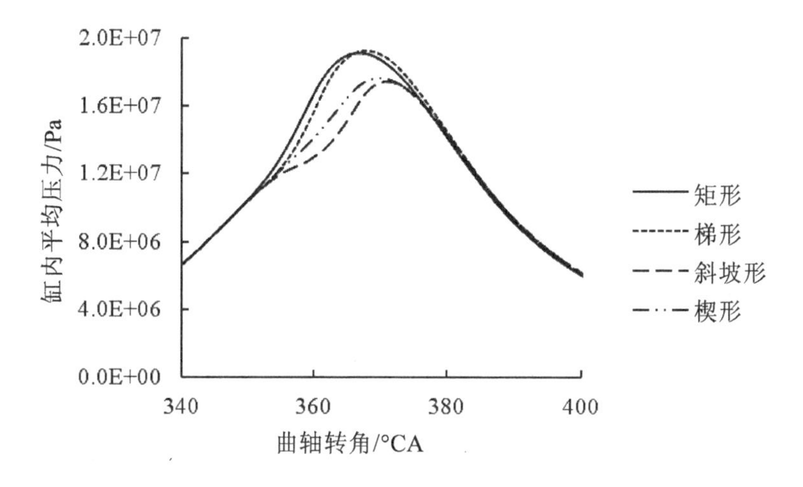

图 9.7 喷油规律对缸内平均压力的影响

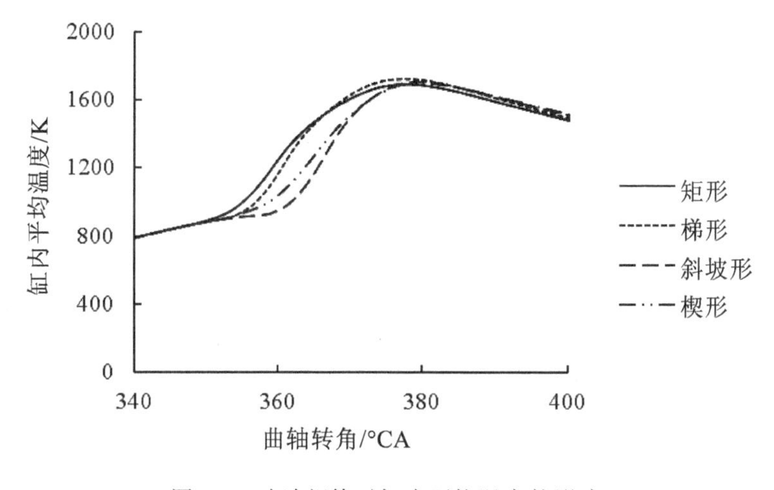

图 9.8 喷油规律对缸内平均温度的影响

不同喷油规律、不同曲轴转角时缸内温度场分布如图 9.9 所示，由图可知：351°CA 时，只有矩形喷油规律缸内出现了较强的着火区域，其余三种喷油规律时仅出现很小的着火区域或未着火，基本仍处于滞燃期，分析原因：喷油规律决定了每度曲轴转角下的喷油速率，进而直接影响燃油的雾化情况；360°CA 时，活塞运行至上止点，气缸容积最小，缸内燃气做功能力最强，矩形喷油规律缸内燃烧最剧烈，火焰温度高，高温区域分布面积广，而斜坡型喷油规律由于前期燃油进入缸内的数量较少，火焰中心靠近燃烧室中心，并且火焰温度最低，燃烧室外围空气的利用率低；375°CA 时高温区域占据了燃烧室内大部分面积，并从燃烧室向气缸外围发展，此时缸内燃烧为扩散燃烧阶段，燃烧放热速率由空气和燃料相互扩散形成可燃混合气的速率控制，缸内湍动能越强，越有利于油气混合，图 9.10 所示为喷油规律对平均湍动能的影响曲线，由图 9.10 可以看出，在此时及后期缸内的湍动能从大到小的顺序为：斜坡形喷油规律、楔形喷油规律、梯形喷油规律，因此斜坡形喷油规律油气混合均匀，缸内燃烧最为均匀。

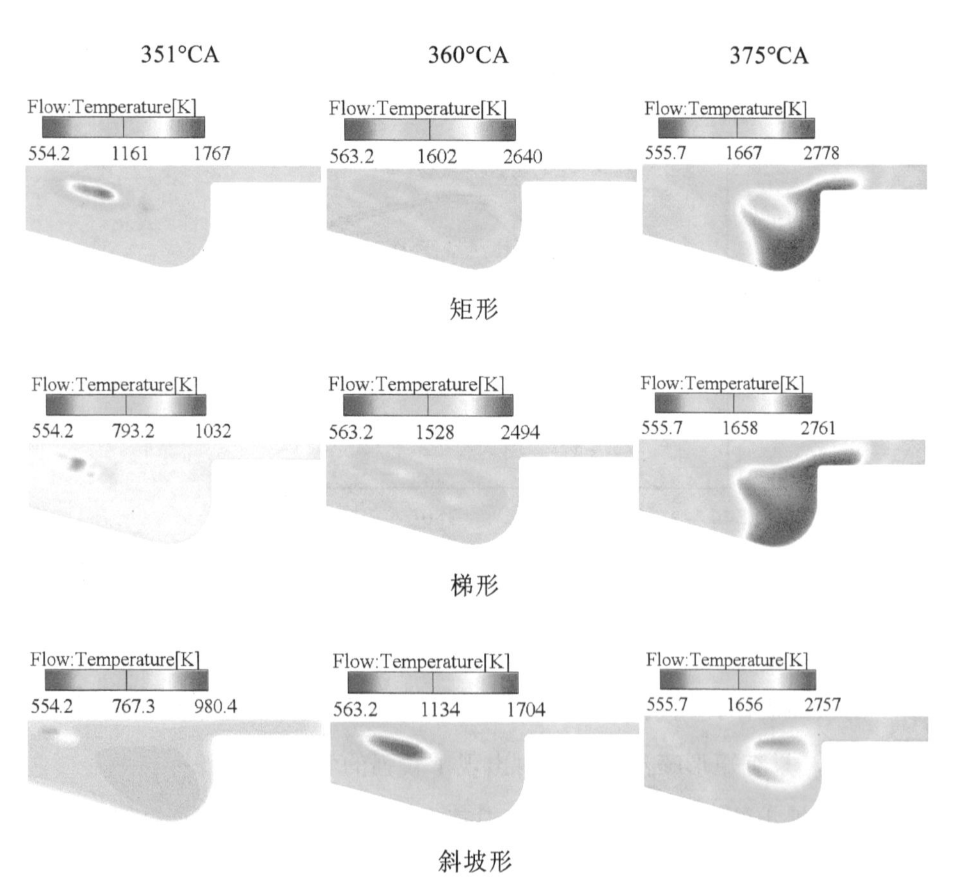

图 9.9 不同喷油规律下缸内温度场对比

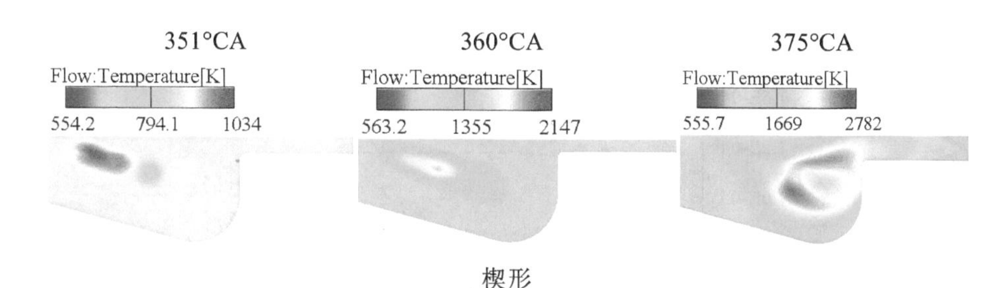

楔形

图 9.9 不同喷油规律下缸内温度场对比（续）

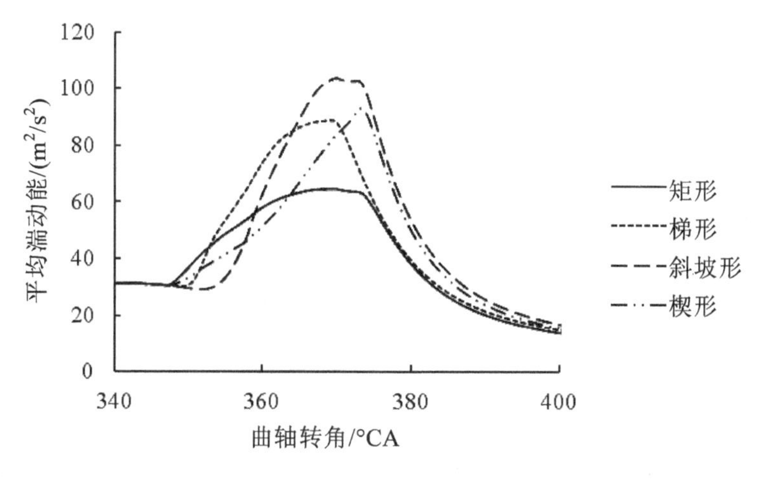

图 9.10 喷油规律对平均湍动能的影响

9.3 喷油规律对排放的影响

9.3.1 氮氧化合物排放分析

NO 是空气中的 N_2 与 O_2 在燃烧室高温环境下反应生成的，主要与燃烧室内气体温度、高温持续时间和 O_2 的浓度有关。图 9.11 为喷油规律对 NO 排放值的影响。NO 排放值由大到小依次为：矩形、梯形、楔形和斜坡形喷油规律。总体来看，与燃烧前期缸内平均温度大小相一致。矩形喷油规律所对应的缸内燃烧温度在燃烧前期始终最高，氧气量也比较充足，并在燃烧后期也能保持比较高的数值，因此所生成的 NO 最多。

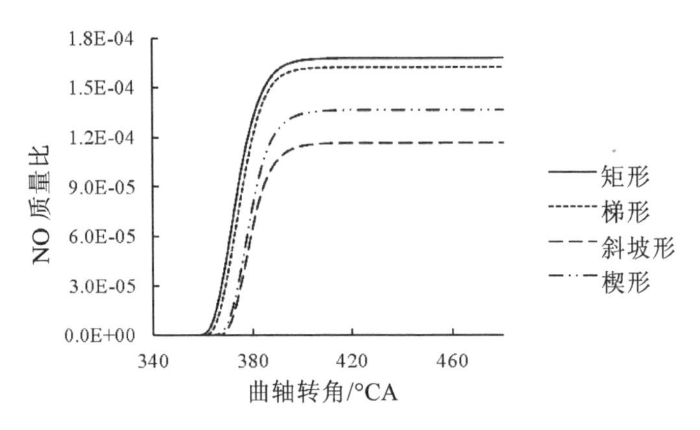

图 9.11 喷油规律对 NO 排放的影响

9.3.2 碳烟排放分析

图 9.12 为喷油规律曲线形状对碳烟排放的影响。预混燃料燃烧时消耗掉油束外围的氧气，并且释放出大量热量，使油束核心处于高温、缺氧的环境中，产生大量碳烟。矩形喷油规律碳烟排放最高，这是因为其参与扩散燃烧的油量相对较多，且扩散燃烧阶段喷油速率低，油气混合效果差，造成局部缺氧严重；梯形喷油规律碳烟排放最少，这是因为其参与预混燃烧的柴油量最多；斜坡形喷油规律在燃烧后期进入缸内的燃油数量多余楔形喷油规律，燃烧后期缸内空气量相对较少，造成燃油燃烧缺氧现象，因此其碳烟排放值比楔形喷油规律大。

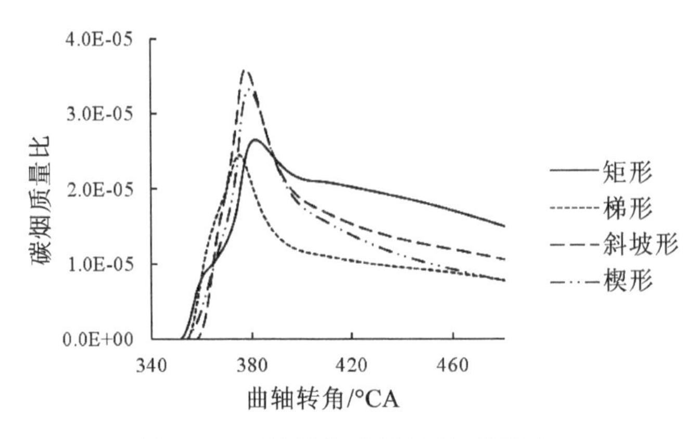

图 9.12 喷油规律对碳烟排放的影响

9.4 本章小结

本章使用FIRE软件分别对四种不同喷油规律曲线情况下柴油机的性能进行了仿真模拟，分析比较四种不同喷油规律曲线情况下的缸内混合气形成过程、燃烧特性、排放特性，可以得到以下结论：

（1）矩形和楔形喷油规律下喷雾的初期喷油速率快，贯穿能力强，燃油喷雾与周围空气相互作用，使得与缸内的气流接触面积大，有利于加快预混合气的形成，因而滞燃期较短。

（2）梯形和矩形喷油规律有更多的燃油蒸气在上止点附近参与燃烧，燃烧等容度较高，因而缸内平均压力峰值和平均温度峰值较高。

（3）矩形喷油规律所对应的缸内燃烧温度在燃烧前期始终最高，氧气量也比较充足，并在燃烧后期也能保持比较高的数值，因此所生成的NO最多。但由于矩形喷油规律参与扩散燃烧的油量相对较多，且扩散燃烧阶段喷油速率低，油气混合效果差，造成局部缺氧严重，因而矩形喷油规律碳烟排放最高。

第 10 章 预喷射对柴油机性能的影响

预喷射通常是指在多次喷射中，将一小部分燃油在主喷射前喷入气缸。预喷射是降低柴油机燃烧噪声的有效手段，同时也被作为降低 NO 的一个方法被广泛研究。喷油初期的喷油率是决定预混合燃烧量的重要因素之一，为了降低 NO 和噪声需降低初始喷油率；喷油中期相当于扩散燃烧期，为了降低微粒，需很陡的加大喷射率，并且随着负荷和转速的增高，喷油率的丰满度必须加大；喷射后期是喷射压力降低期，由于期间燃油雾化不良而成为产生微粒的因素之一，因此喷油结束要快，以实现喷油压力的迅速下降从而使喷油后期尽量缩短。预喷射是在主喷射前的某一时刻喷入少量的油量，实际上就是在喷射过程中设定了一次短暂的喷射停止期。预喷射喷入的少量燃油的燃烧使得燃烧室被加热，缩短了随后进行的主喷射的着火延迟期而使预混合燃烧的比率减少，同时预喷的燃烧气体被雾化的主喷射油束卷吸而改善了主喷射期燃油与空气的混合，从而能有效地减缓燃烧速率，于是燃烧温度和压力上升减缓，降低了燃烧噪声和 NO 排放，并能在一定程度上改善燃油消耗。

不同的预喷射参数（如预喷量、预喷与主喷的间隔时间、主喷定时等）对燃烧过程都是很敏感的，预喷参数如果选择不合理，反而会在很大程度上恶化燃烧和排放，因此应对预喷参数在设计上予以优化。本章将柴油机传统单次喷射研究的基础上，进行预喷射+主喷射两次喷射的数值模拟计算，来研究预喷射对柴油机燃烧和排放的影响。相关的实验表明，预喷射是解决柴油机排放和燃烧噪声的有效手段之一，通常情况下以压力升高率大小来表征燃烧噪声的高低。不同的预喷射参数对燃烧和排放有很大的影响。预喷射油量直接影响柴油机的燃油消耗、烟度与 NO 排放。理想的预喷射与主喷射的间隔应使预喷射的燃烧产物处于容易被主喷射的初始燃油喷注卷吸的位置。本书将对上述因素的影响变化规律进行具体的研究和分析。

预喷射喷油规律曲线形状如图 10.1 所示，预喷射采用单次喷射的主喷定时，即 347°CA，循环的总喷油量保持不变。由于预喷射对柴油机性能的影响主要由预喷量和主-预喷间隔时间决定。所以，预喷+主喷的方案可分为预喷量及主-预喷间隔时间两种大方案，详细方案见表 10.1。运用 FIRE 软件分别对几种预喷射计算方案时的燃烧过程进行了模拟计算，分析了预喷射对柴油机燃烧及排放的影响，为柴油机预喷射的选择提供了有力的依据。

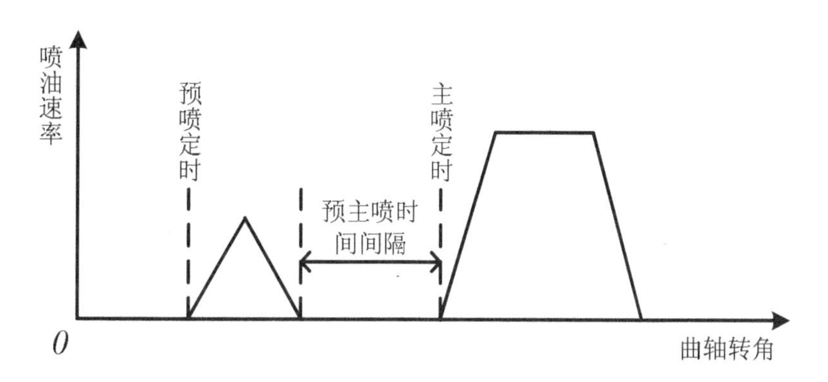

图 10.1　预喷射喷油规律曲线形状

表 10.1　预喷射计算方案

预喷射量/mg	主喷与预喷间隔/°CA		
0.5	10	20	30
1	10	20	30
2.5	10	20	30

10.1　预喷射缸内压力的影响

图 10.2、10.3 分别为预喷间隔 20°CA 时预喷射量对缸内压力和最高压力

的影响。由图 10.2 可知，随着预喷量的增加缸内的压力逐步提高。另外，由图 10.3 可知，预喷射时缸内最高压力都大于无预喷的缸内最高压力，较小预喷量时缸内最高压力相差不大，但在较大预喷量时，具有较明显的差异。

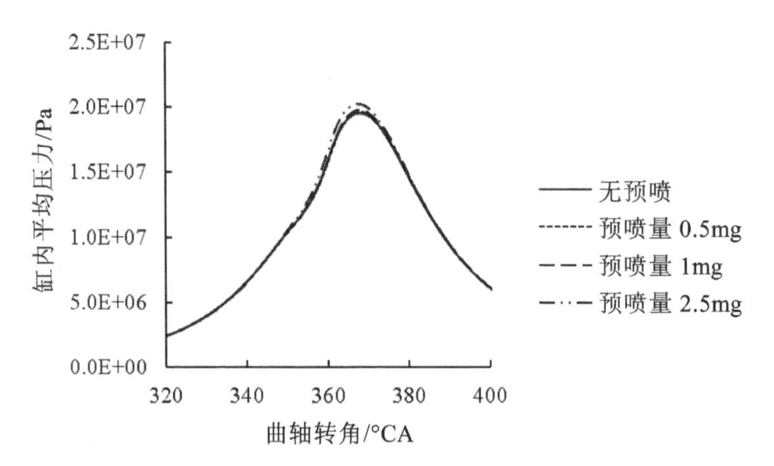

图 10.2　预喷间隔 20°CA 时预喷射量对缸内压力的影响

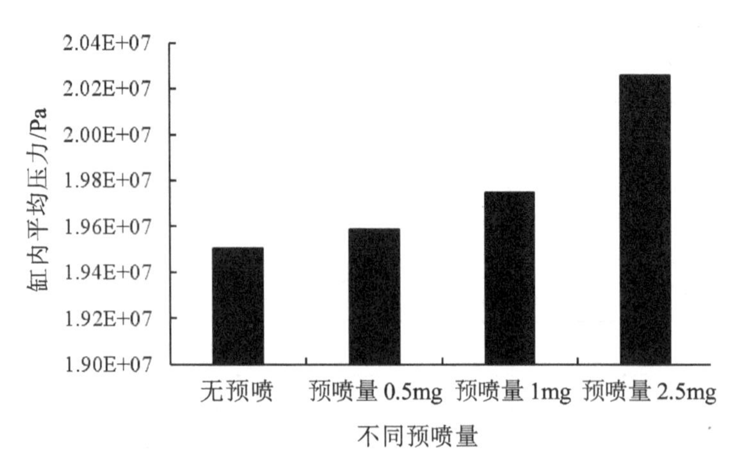

图 10.3　预喷间隔 20°CA 时预喷射量对缸内最高压力的影响

图 10.4 为预喷量为 2.5mg 时主预喷间隔对缸内压力的影响。由图 10.4 可知，预喷可以提高缸内压力，当预喷量一定时，随着主预喷间隔时间的增加，缸内压力逐渐增大，但提升幅度不大，同时压力提升的时间也逐渐提前。图 10.5 为主预喷间隔时间对缸内最高压力的影响规律。由图 10.5 可知，预喷时缸内的最

高压力明显高于无预喷。而随着主预喷间隔的增加，最高压力逐渐增大，但不同主预喷间隔的差值不是很大，原因在于：主喷的燃油量固定，主预喷间隔时间越长，预喷的引燃作用就越明显，导致缸内最高压力增加，但增幅不大。

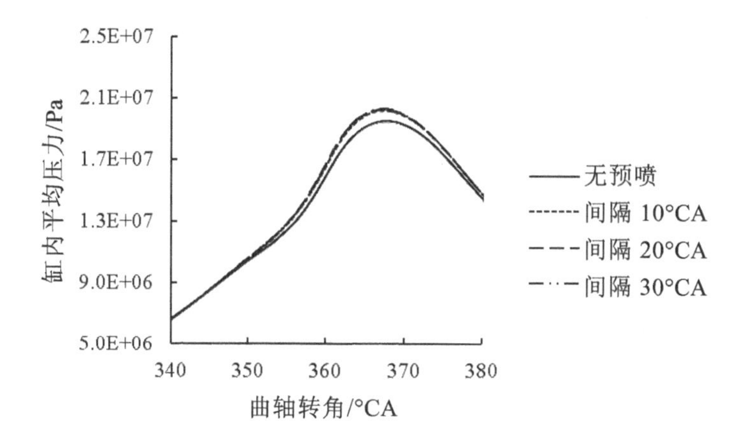

图 10.4 预喷量为 2.5mg 时主预喷间隔对缸内压力的影响

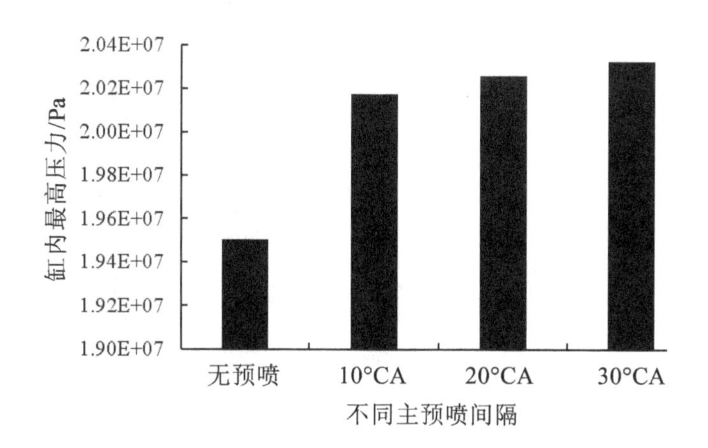

图 10.5 预喷量为 2.5mg 时主预喷间隔对缸内最高压力的影响

10.2 预喷射缸内温度的影响

图 10.6、10.7 分别为预喷射量对缸内平均温度和最高平均温度的影响。由

图 10.6 可知，随着预喷量的增加缸内的温度逐步提高。另外，由图 10.7 可知，预喷射时缸内最高温度都大于无预喷的缸内最高温度，较小预喷量时缸内最高温度相差不大，但在较大预喷量时，具有较明显的差异，分析其原因，主要是预喷量越高，预喷的引燃作用越强，从而使主喷燃烧加剧。

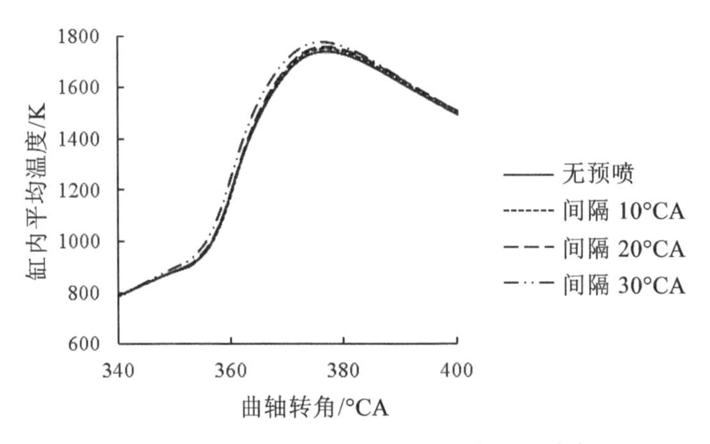

图 10.6　预喷间隔 20°CA 时预喷射量对缸内温度的影响

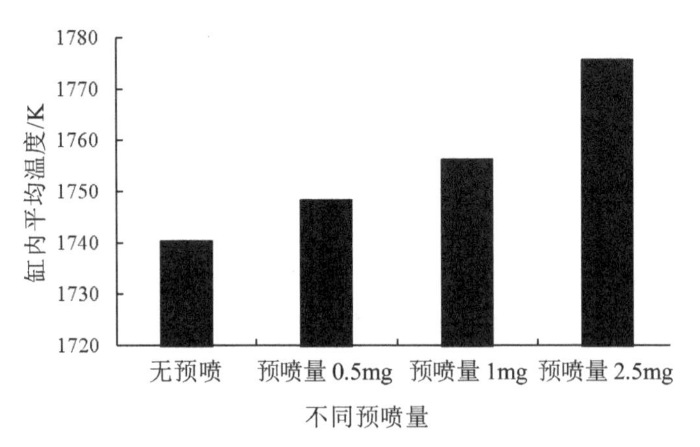

图 10.7　预喷间隔 20°CA 时预喷射量对缸内最高温度的影响

图 10.8、10.9 分别为主预喷间隔时间对缸内平均温度和最高平均温度的影响。由图 10.8、10.9 可知，随着预喷量的加入，缸内温度得到一定程度的提高，但随着主预喷间隔的增加，缸内温度增加的很慢，说明主预喷间隔时间对缸内温度的影响较小。

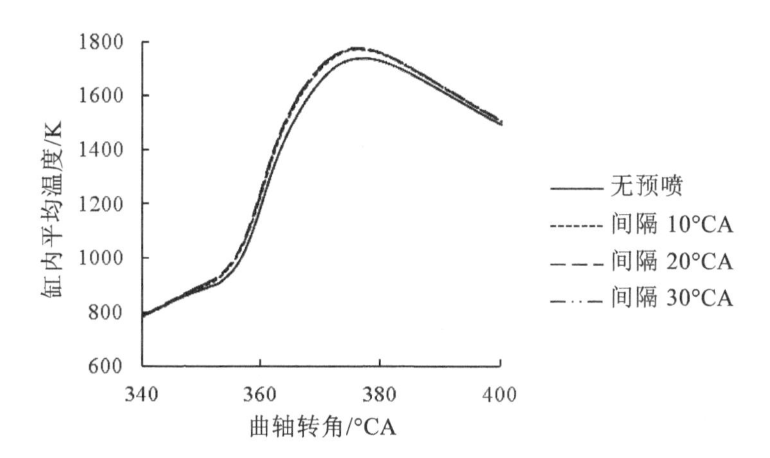

图 10.8　预喷量为 2.5mg 时主预喷间隔对缸内温度的影响

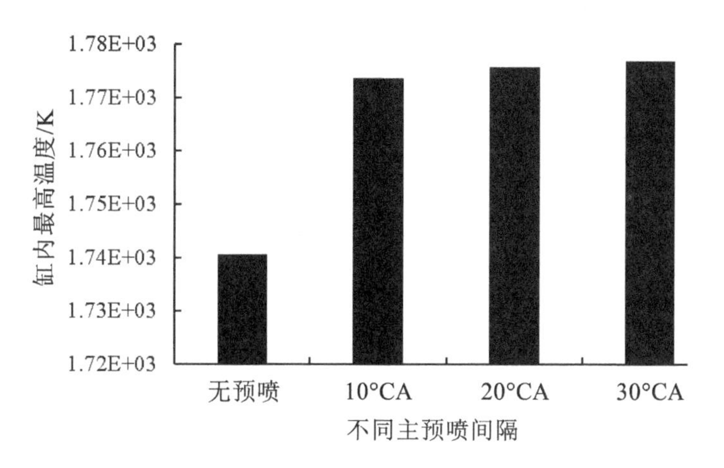

图 10.9　预喷量为 2.5mg 时主预喷间隔对缸内最高温度的影响

10.3　预喷射对排放的影响

10.3.1　氮氧化合物排放分析

图 10.10 为预喷量对 NO 排放量的影响规律。由图 10.10 可知，预喷量为 0.5mg 时，NO 的生成量比无预喷的喷油规律下 NO 生成量少，但预喷的作用

不是很明显。而预喷量为 1、2.5mg 时，NO 生成量都比无预喷的喷油规律时的高，同时，随着预喷量的增加，NO 生成量也逐渐增多。原因在于：随着预喷量的增加，引燃作用越来越明显，使得主喷射时期缸内最高燃烧温度提高，导致 NO 生成增加。所以，预喷量的选择要合理，只要达到足够的引燃作用即可，否则会恶化 NO 排放。

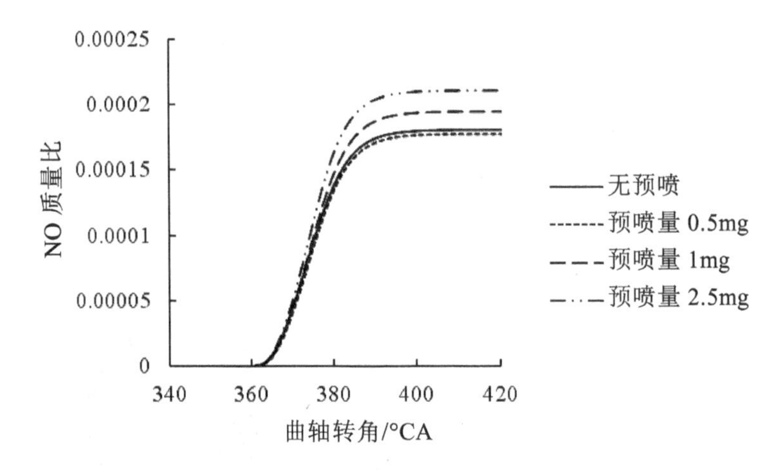

图 10.10 预喷间隔 20°CA 时预喷射量对 NO 排放的影响

图 10.11 为主预喷间隔时间对 NO 生成量的影响规律。由图 10.11 可知，预喷量为 2.5mg 时，几个主预喷间隔方案生成的 NO 量明显高于了无预喷时的生成量，其中主预喷间隔 10°CA 时生成的 NO 较少，而主预喷间隔为 20°CA 和主预喷间隔为 30°CA 时 NO 生成量较为接近，总体上，随着主预喷间隔的增大，NO 的生成量也逐渐增多。

为了更准确地掌握预喷射技术对柴油机排放性能的影响，将预喷量和主预喷间隔对 NO 生成量的影响集中到一张图上进行分析。

图 10.12 为预喷对 NO 生成量的影响。由图 10.12 可知，不同预喷量和主预喷间隔的预喷组合，仅在预喷量为 0.5mg 时降低了 NO，降低效果并不明显。当主-预喷间隔时间一定时，NO 的生成量随着预喷量的增加而增加，预喷量为 1mg、主预喷当间隔为 10°CA 时，NO 的排放也低于无预喷时的 NO 排放。

当预喷量为 0.5、2.5mg 时的 NO 排放随着主预喷间隔的增大而增大。而预喷量为 1.5mg 时的 NO 排放对主预喷间隔不太敏感。

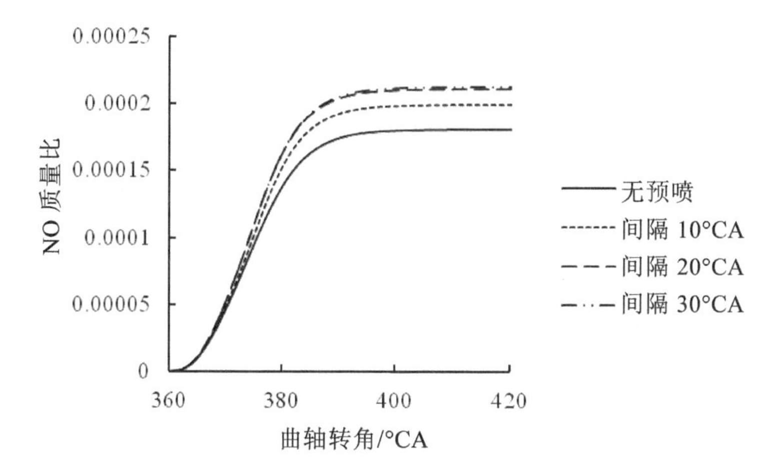

图 10.11 预喷量为 2.5mg 时主预喷间隔对 NO 生成量的影响

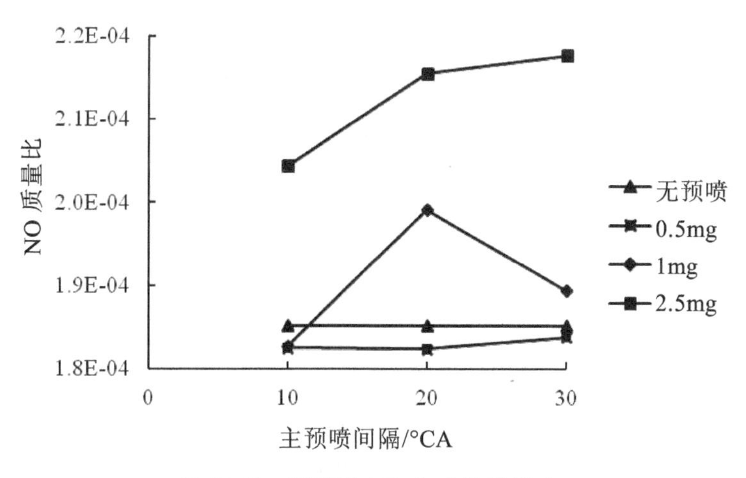

图 10.12 预喷对 NO 生成量的影响

10.3.2 碳烟排放分析

图 10.13 为预喷对碳烟生成量的影响。由图 10.13 可知，采取预喷后，所有方案中碳烟的生成量均有所提高，且碳烟生成量随预喷量的增加而增加，但

随间隔时间的变化规律不明显。采取预喷后，预喷燃烧降低了缸内氧气的浓度，从而降低了微粒的氧化速率，导致了微粒量的增加；主喷前如果预喷燃烧还未完成，主喷燃油喷入缸内，会出现火包油的现象，也会导致大量的微粒产生。

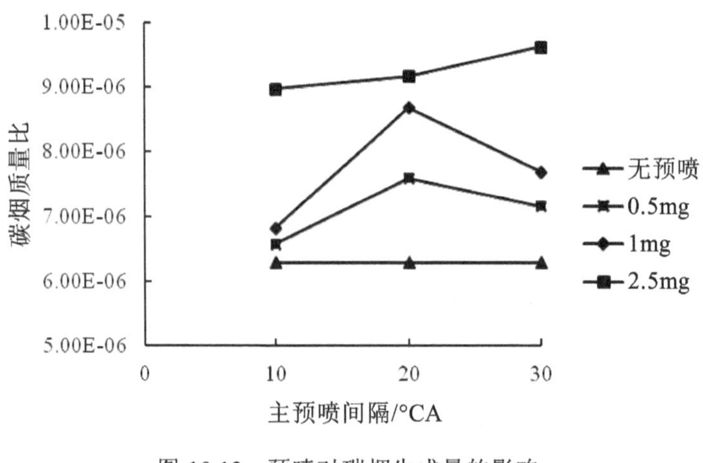

图 10.13 预喷对碳烟生成量的影响

综上，预喷射增加了碳烟的生成量，合理的预喷方案应该是可以较理想地降低氮氧化物，同时保证微粒增加较少即微粒排放不恶化，对于本机型来说，预喷量为 0.5mg，主预喷间隔为 10°CA 的预喷方案排放效果最为理想。

10.4 本章小结

本章使用 FIRE 软件分别对几种预喷射计算方案下柴油机的性能进行了仿真模拟，通过改变预喷射的预喷量及主预喷间隔时间，利用仿真模拟，分析、对比并得出了预喷射对柴油机排放性能的影响规律，预喷对柴油机性能的影响主要由预喷量及主预喷间隔决定。

预喷时缸内的最高压力明显高于无预喷，而随着主预喷间隔的增加，最高压力逐渐增大，但不同主预喷间隔的差值不是很大；随着预喷量的加入，缸内温度得到一定程度的提高，但随着主预喷间隔的增加，缸内温度增加得很慢，主预喷间隔时间对缸内温度的影响较小。

不同预喷量时，仅在预喷量为 0.5mg 时降低了 NO，降低效果并不明显，所以预喷量的选择要合理，只要达到足够的引燃作用即可，否则会恶化 NO 排放。采取预喷后，预喷燃烧降低了缸内氧气的浓度，从而降低了微粒的氧化速率，导致了微粒量的增加，且碳烟生成量随预喷量的增加而增加，但随间隔时间的变化规律不明显。

第 11 章　后喷射对柴油机性能的影响

后喷射是指在多次喷射中，在主喷射后期有一小部分燃油喷入气缸，后喷入的燃油对已经正在燃烧的混合气起到一种扰动作用，促进燃烧后期混合气的形成，提高燃烧后期的缸内温度，加快了燃烧后期颗粒的氧化速度，是降低颗粒排放的有效措施。国外的研究成果显示，后喷射可以明显改善 NO 的排放，使碳烟和 NO 的折中关系得到改善。不同的后喷射参数对燃烧过程的影响有很大区别，后喷射的影响因素主要集中在后喷量及主-后喷间隔时间两方面。

后喷射的喷油规律曲线形状如图 11.1 所示，后喷射采用单次喷射的主喷定时，即 347°CA，循环的总喷油量保持不变。由于后喷射对柴油机性能的影响主要由后喷量和主-后喷间隔时间决定。所以，主喷+后喷的方案可分为后喷量及主-后喷间隔时间两种大方案，详细方案见表 11.1。与预喷间隔相比，主喷与后喷时间间隔要相对短一点，这主要是因为当预喷射喷出燃油喷入气缸时，缸内压力和温度相对较低，由此需要较长的时间来进行燃烧反应，而当后喷燃油喷入气缸后，缸内的主喷燃烧正在剧烈进行，这将导致很快便进行燃烧反应，主后喷的间隔越大，则会使整个燃烧时间拖长，后燃现象严重，结果是增加油耗的同时也恶化排放。此外，后喷量也不应过大，因为后喷量过大会使后燃比重增加，延长了燃烧时间，动力性和排放性能会在一定程度上受影响。本章运用 FIRE 软件分别对几种后喷射计算方案时的燃烧过程进行了模拟计算，分析了后喷射对柴油机燃烧及排放的影响，为柴油机后喷射的选择提供了有力的依据。

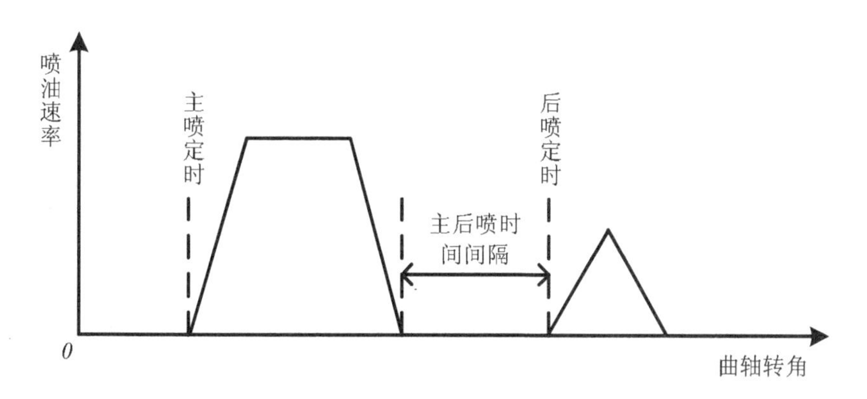

图 11.1 后喷射喷油规律曲线形状

表 11.1 后喷射计算方案

后喷射量/mg	主喷与后喷间隔/°CA		
1	5	10	15
2.5	5	10	15
4	5	10	15

11.1 后喷射对缸内压力的影响

图 11.2 为主后喷间隔 15°CA 时，后喷量分别为 0.5mg、1mg、2.5mg 时缸内压力的变化情况，图 11.3 为对应的最高压力比较。由图 11.2 可以看出，由于有后喷时的主喷油量要低于无后喷的主喷油量，所以无后喷的缸内最高压力要高一些。而且后喷量越大缸内最高压力就越低，如图 11.3 所示。在后喷开始后，后喷燃油燃烧放热使得缸内压力曲线抬升，并逐渐缩小与无后喷的差距。后喷量越大，压力升幅越大，在燃烧后期后喷使得缸内压力与无后喷时的缸内压力逐渐趋于一致。

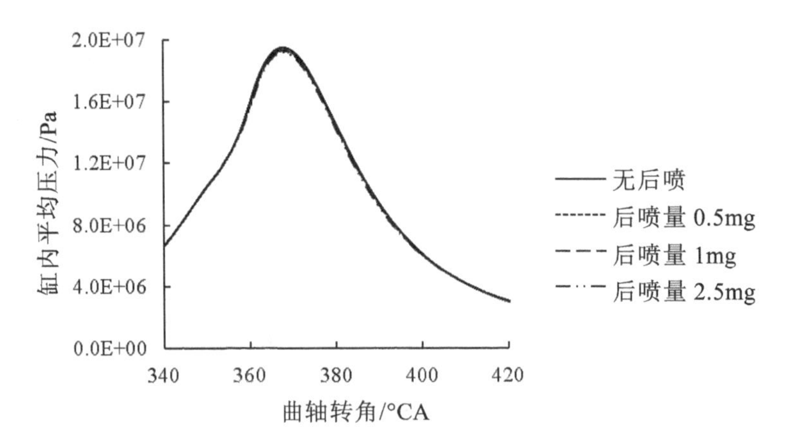

图 11.2 主后喷间隔 15°CA 时后喷射量对缸内压力的影响

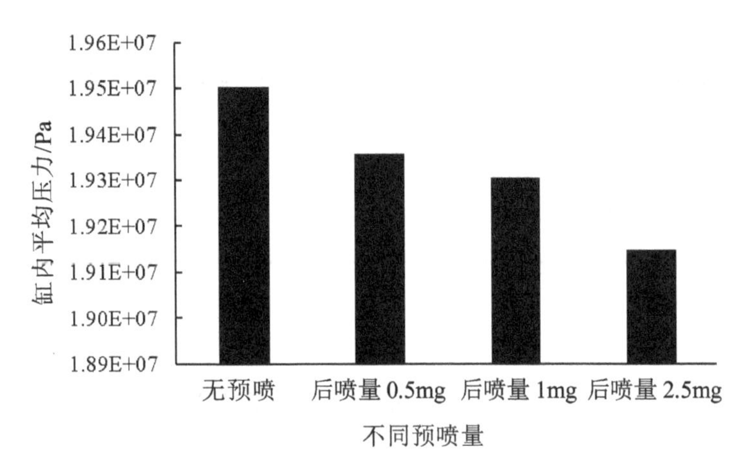

图 11.3 主后喷间隔 15°CA 时后喷射量对缸内最高压力的影响

图 11.4 为后喷量为 1mg，主后喷间隔分别为 5°CA、10°CA、15°CA 时缸内压力的变化情况，图 11.5 为对应的最高压力比较。从图 11.4 可以看出，由于有后喷时的主喷油量要低于无后喷的主喷油量，所以无后喷的缸内最高压力要高一些。同时不同主后喷间隔时的主喷油量相同，缸内最高压力不受主后喷间隔时间的影响，不同主后喷间隔时的缸内最高压力相同，如图 11.5 所示。随着主后喷间隔的增大，不同后喷方案的后喷射依次进行，主后喷间隔越小，后喷射进行得越早，后喷放热越早，使得缸压曲线抬升得越提前。随着燃烧的进

行和发展，在燃烧后期后喷使得缸内压力与无后喷时的缸内压力逐渐趋于一致。

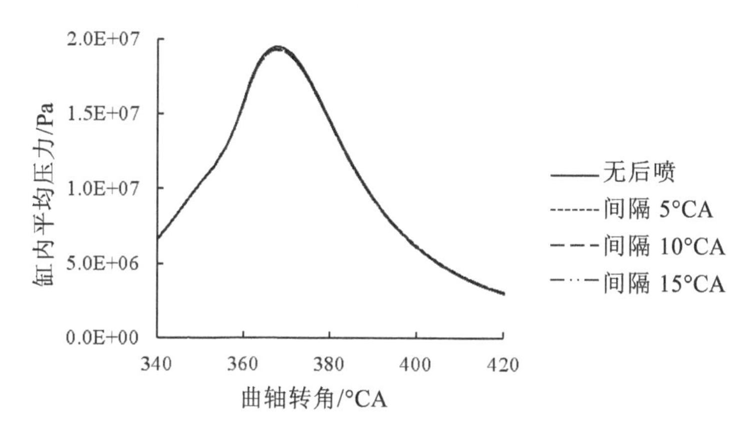

图 11.4　后喷射量 1mg 时主后喷间隔对缸内压力的影响

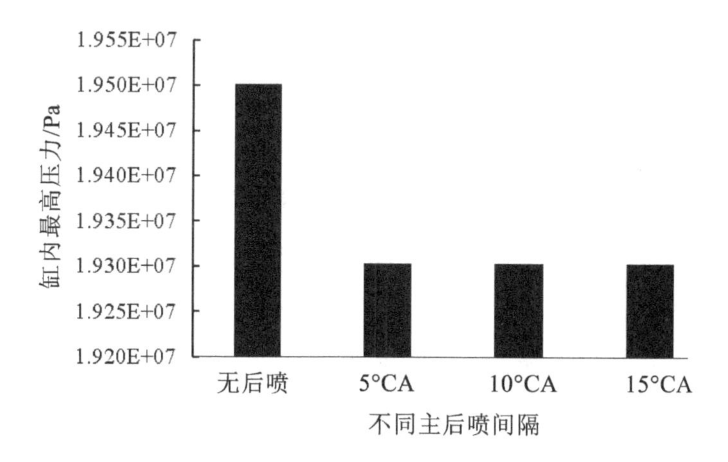

图 11.5　后喷射量 1mg 时主后喷间隔对缸内最高压力的影响

11.2　后喷射对燃烧放热率的影响

图 11.6 为后喷量为 1mg，主后喷间隔分别为 5°CA、10°CA、15°CA 的燃烧放热率变化情况。由图 11.6 可知，由于后喷时主喷油量低于无后喷时的主喷油量，导致无后喷时的放热率峰值高于各个有后喷时的放热率峰值，同时各个有后喷时的主喷放热阶段放热曲线基本重合；后喷量为 1mg 时，随着主后

喷间隔的增大，后喷放热推迟，放热率曲线在主喷结束之后再次提升，可以增加缸内高温的持续时间，从而促进颗粒的氧化。

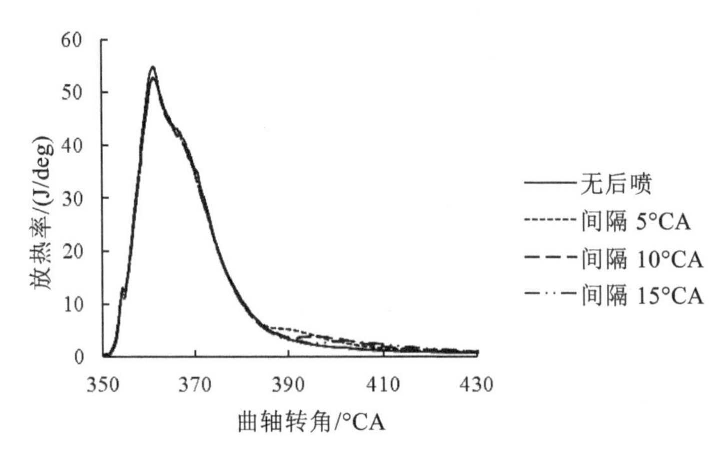

图 11.6 后喷射量 1mg 时主后喷间隔对放热率的影响

图 11.7 为主后喷间隔 15°CA，后喷量分别为 0.5、1、2.5mg 时的燃烧放热率的变化情况。由图 11.7 可知，有后喷时的主喷放热上升阶段基本重合，主喷放热峰值随着后喷油量的增大而降低，且均低于无后喷的峰值，而主喷放热下降时刻随着后喷油量的增大而提前；随着后喷量的增大，后喷放热的峰值也随之提高，后喷放热的时刻基本保持不变。

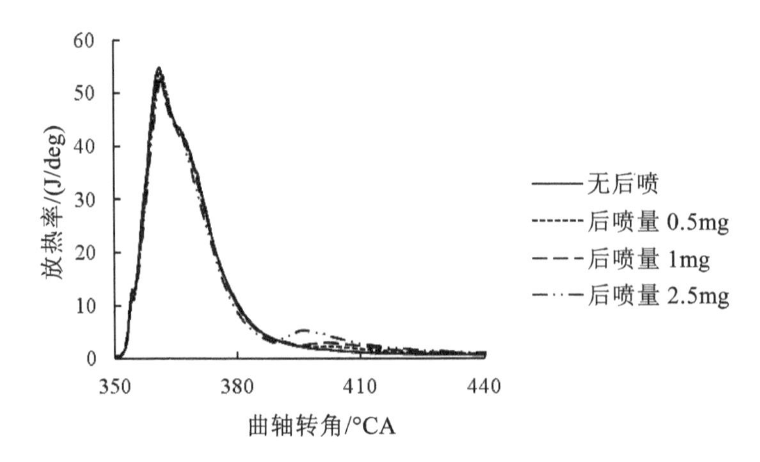

图 11.7 主后喷间隔 15°CA 时后喷射量对放热率的影响

11.3 后喷射对缸内温度的影响

图 11.8 为主后喷间隔 15°CA 时，后喷量分别为 0.5、1、2.5mg 时缸内温度的变化情况，图 11.9 为对应的最高温度比较。由图 11.8 可以看出，后喷燃油的燃烧使得缸内温度变化曲线在后期有再次抬起的趋势，使得排气温度升高。由于有后喷时的主喷油量要低于无后喷的主喷油量，所以无后喷的缸内最高温度要高一些。而且后喷量越大缸内最高温度就越低，如图 11.9 所示。在后喷开始后，后喷燃油燃烧放热使得缸内温度曲线抬升，并逐渐缩小与无后喷的差距。后喷量越大，温度升幅越大，排气温度也越高。所以，与无后喷相比，后喷使得排气温度有所提高。

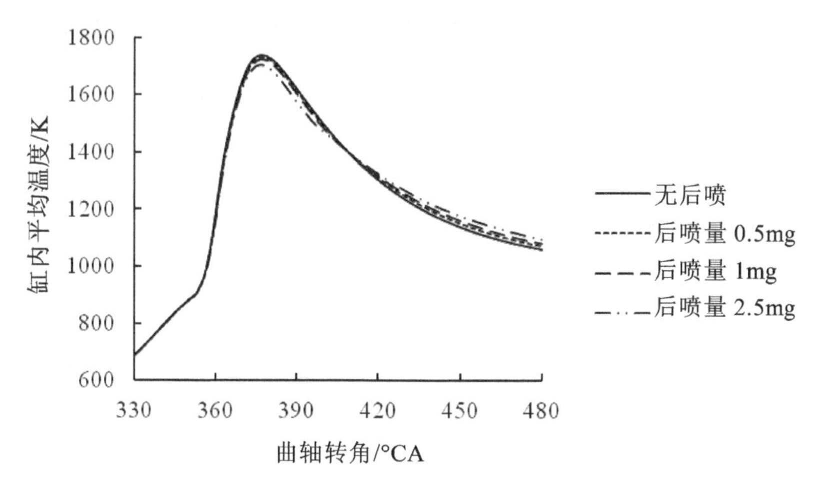

图 11.8 主后喷间隔 15°CA 时后喷射量对缸内温度的影响

图 11.10 为后喷量为 1mg，主后喷间隔分别为 5°CA、10°CA、15°CA 时缸内温度的变化情况，图 11.11 为对应的最高温度比较。由图 11.10 可知，由于有后喷时的主喷油量要低于无后喷的主喷油量，所以无后喷的缸内最高温度要高一些。由于有后喷时的主喷油量相同，且缸内最高温度受主喷燃烧决定，所

以有后喷时的缸内最高温度相同，如图 11.11 所示。在后喷开始后，后喷燃油燃烧放热使得缸内温度曲线抬升，并逐渐缩小与无后喷的差距。主后喷间隔越大，则温度曲线提升位置越靠后，则主后喷间隔越大的最终的排气温度越高，无后喷时的排气温度最低。

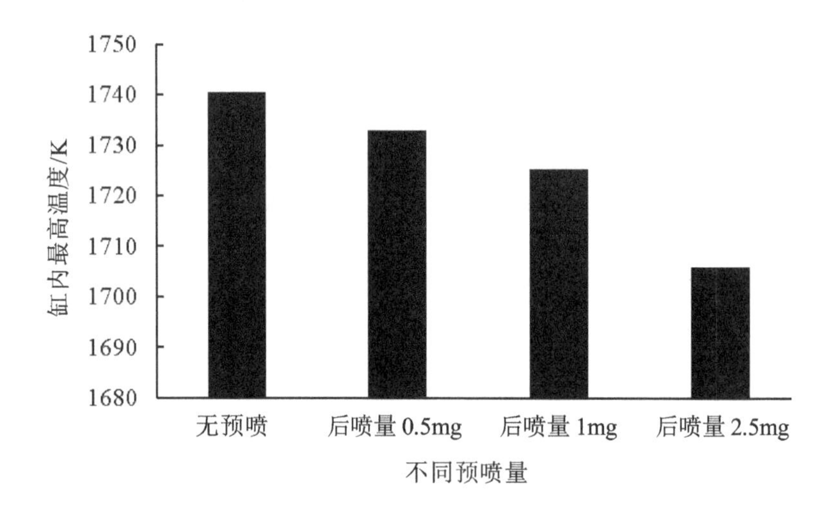

图 11.9　主后喷间隔 15°CA 时后喷射量对缸内最高温度的影响

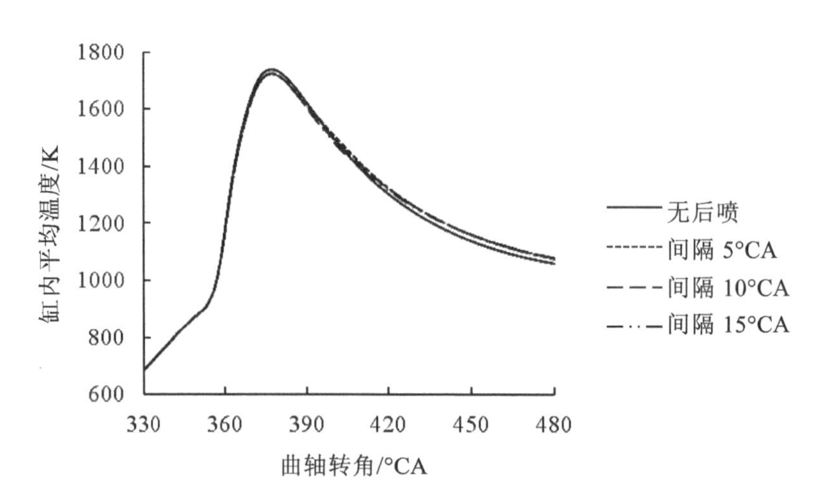

图 11.10　后喷射量 1mg 时主后喷间隔对缸内温度的影响

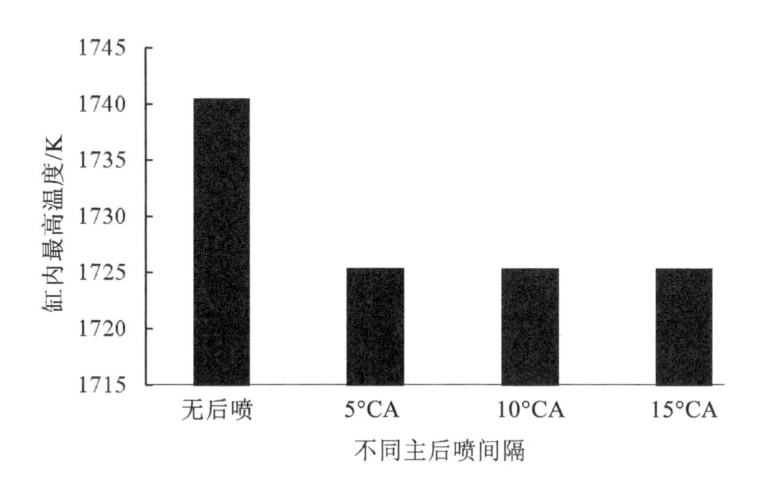

图 11.11　后喷射量 1mg 时主后喷间隔对缸内最高温度的影响

11.4　后喷射对排放的影响

11.4.1　后喷射对 NO 排放的影响

图 11.12 为主后喷间隔 15°CA 时，后喷量分别为 0.5、1、2.5mg 时 NO 排放的变化情况。由图 11.12 可知，无后喷时的 NO 生成最高。当主后喷间隔一定时，NO 排放随着后喷量的增加而降低。这是因为总喷油量一定时，后喷量越小，主喷燃油量就越大，主喷燃烧就越剧烈，最高燃烧温度随之升高，从而增大了 NO 排放。

图 11.13 为后喷量为 1mg，主后喷间隔分别为 5°CA、10°CA、15°CA 时 NO 排放的变化情况。由图 11.13 可知，无后喷时的 NO 生成最高，主后喷间隔不同时的 NO 排放差别不大，但主后喷间隔较小时的 NO 排放相对较多些。其原因是 NO 主要是在燃烧过程的前中期生成，主后喷间隔越短，离主喷燃烧越近，越靠近 NO 的生成时间段。

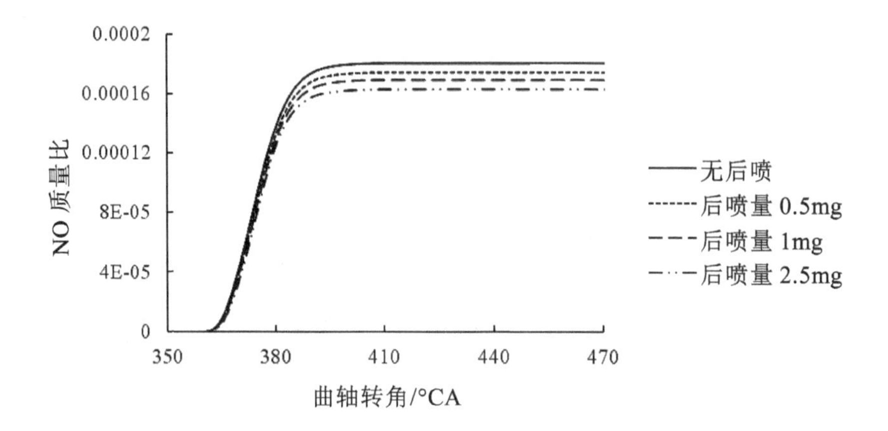

图 11.12 主预喷间隔 15°CA 时后喷射量对 NO 排放的影响

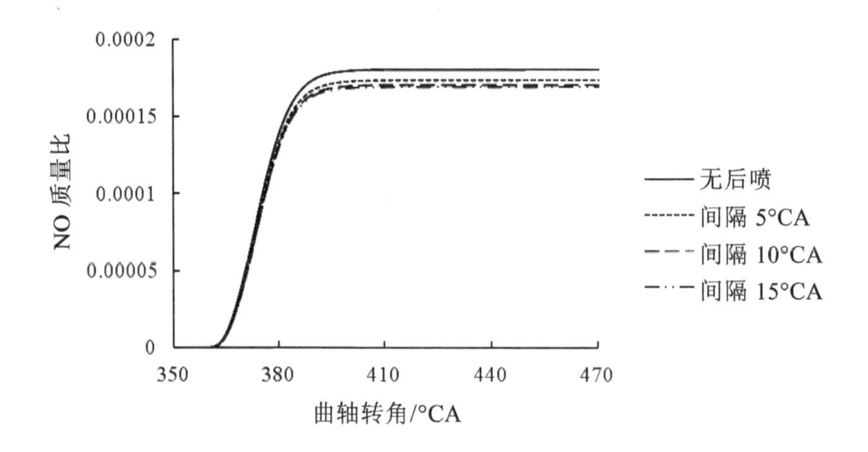

图 11.13 后喷量为 1mg 时主后喷间隔对 NO 排放的影响

图 11.14 为各种后喷方案对 NO 排放的影响情况。由图 11.14 可知，各种后喷方案的 NO 排放都低于无后喷时的 NO 排放。主后喷间隔相同时，NO 排放随着后喷量的降低而增大。这是由于后喷量越小，主喷的燃油量就相对越大，主喷燃烧剧烈程度就越大，造成燃烧温度越高，NO 排放随之提高。后喷量相同时，NO 排放随着主后喷间隔的增加而降低，这是由于主后喷间隔越小，后喷与主喷燃烧越近，越接近 NO 的主要生成阶段，燃烧温度越高，NO 排放也随之增加。

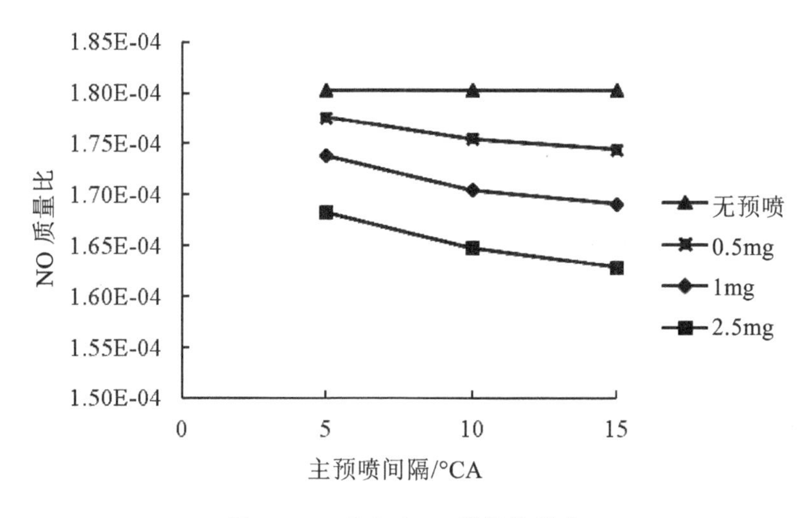

图 11.14　后喷对 NO 排放的影响

11.4.2　后喷射对碳烟排放的影响

图 11.15 为主后喷间隔 15°CA 时，后喷量分别为 0.5、1、2.5mg 时碳烟排放的变化情况。图 11.16 为后喷量为 1mg，主后喷间隔分别为 5°CA、10°CA、15°CA 时碳烟排放的变化情况。由图 11.15、11.16 可知，后喷显著地降低了碳烟排放，使碳烟的最高质量比低于无后喷时的碳烟最高质量比，后喷燃油燃烧生成的碳烟使得生成曲线上出现一个小峰值，但随后被较大的氧化速率降低了碳烟质量比。由图 11.15 可知，当主预喷间隔为 15°CA 时，碳烟的生成量随着后喷量的增加而减少，并且在后喷量为 2.5mg 时更为显著，碳烟生成曲线上的第二个峰值随着后喷量的增加也更为明显，这是由于后喷量越大，后喷燃烧产生的碳烟也越多，但随后均被较大的氧化速率降低了碳烟质量比。由图 11.16 可知，在后喷量为 1mg、不同主后喷间隔时的最高碳烟质量比相同，随着主后喷间隔的增加，最终的碳烟质量比呈现出逐渐增高的趋势，但相差不大。

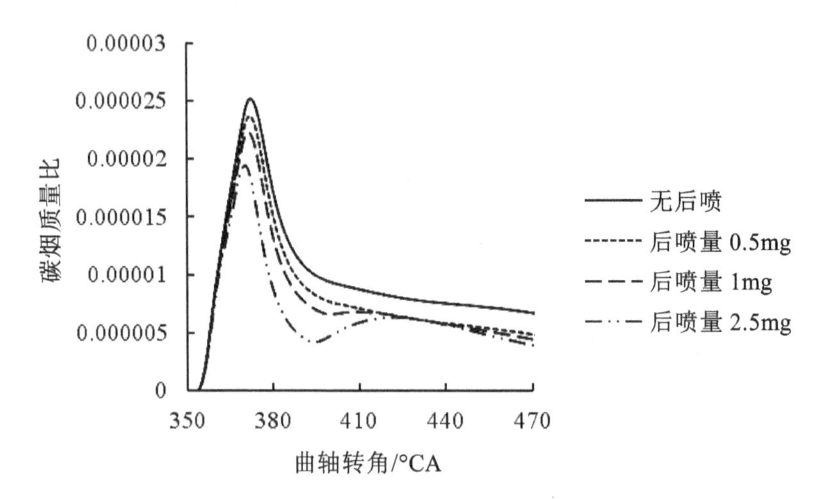

图 11.15 主预喷间隔 15°CA 时后喷射量对碳烟排放的影响

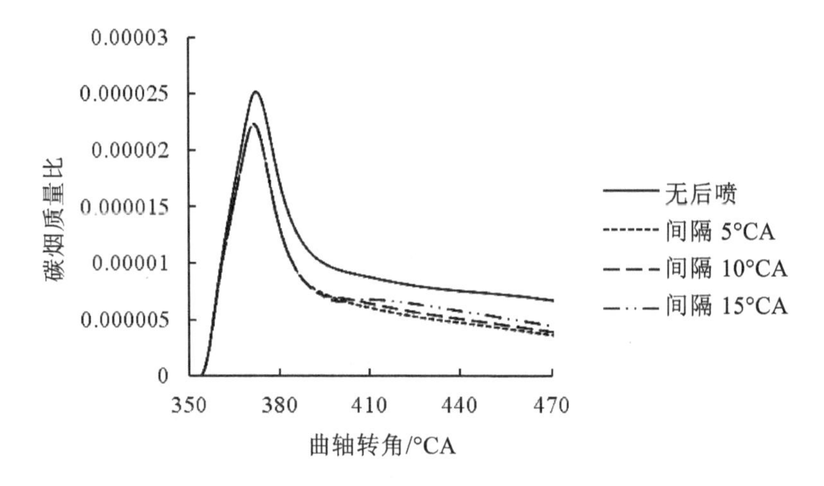

图 11.16 后喷量为 1mg 时主后喷间隔对碳烟排放的影响

图 11.17 为各种后喷方案对碳烟排放的影响。由图 11.17 可知，各种后喷方案的碳烟排放都低于无后喷时的碳烟排放。当主后喷间隔固定时，随着后喷量的增加，碳烟排放逐渐降低，这主要是由于随着后喷量的增加，缸内温度降低，遏制了碳烟的生成，同时由于排气温度的提高，使碳烟的氧化速率加快。而后喷量一定时，碳烟排放随着主后喷间隔的变化不太大，也没有一定的变化规律。

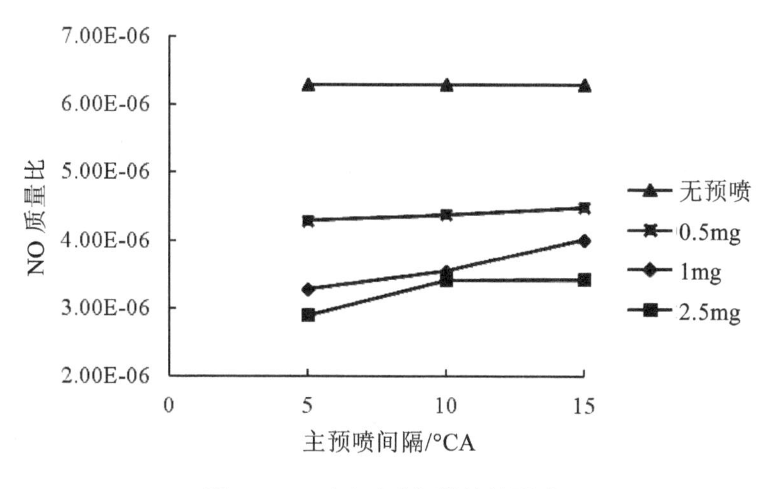

图 11.17 后喷对碳烟排放的影响

11.5 本章小结

本章主要研究后喷射对柴油机排放性能的影响，通过改变后喷射的后喷量及主后喷间隔时间，利用仿真模拟，分析、对比并得出了后喷射对柴油机排放性能的影响规律，后喷对柴油机性能的影响主要由后喷量及主后喷间隔决定。后喷射对于主喷燃烧阶段无明显影响，因为后喷燃油的燃烧发生在燃烧过程后期，此时整个燃烧过程已基本完成，少量燃油的燃烧放热不足以引起整个燃烧效率的变化，后喷射的作用主要体现在改善碳烟排放上，即通过后喷燃油的燃烧来加剧扩散燃烧阶段已生成碳烟的继续氧化，同时后喷也可降低NO的排放。

第 12 章　进气温度对柴油机性能的影响

在柴油机工作的过程中，喷入气缸内的燃料与空气的混合度对其自身燃烧及排放过程的影响是非常重要的，即柴油机在工作过程中为了能够使燃料充分燃烧，一般空燃比大于 1。同时，混合气的形成和燃烧过程也会受到缸内气体运动的影响。因此，通过对缸内流场的分析，能够促使我们进一步了解不同进气温度对柴油机燃烧及排放过程的影响。进气温度主要是通过影响进气密度来影响进气质量，同时还会影响缸内燃空当量比、混合气的形成以及燃烧排放过程。本书将对柴油机进气温度分别为 328K、348K、368K 时，分析各进气温度条件下，缸内混合气的分布状态和缸内燃烧过程中速度、湍动能、当量比、氧浓度场和温度场等分布变化规律，进而对柴油机的燃烧及排放过程在不同进气温度条件下的影响展开研究。

12.1　进气温度对混合气形成的影响

12.1.1　缸内气流运动分析

在湍流模型中，气体在缸内的运动是复杂而不规则的流体运动，下面我们则通过在不同进气温度下缸内气体运动的切片图来分析缸内气体运动的情况。通过图 12.1 缸内气体运动的切片图可以看出，在同一进气温度下，缸内气体主要集中在气缸的顶部和气缸内壁的凹坑处形成漩涡，说明这两处的气体运动较缸内其他处的气体运动速率较快；在同一时刻即曲轴转角的角度一定时（以 357°CA 为例），随着进气温度的升高，缸内气体的运动速度在降低，从而不利于混合气的形成与燃烧。这是因为进气温度的提高，减少了进入气缸内的空气的质量，从而降低了气流运动的强度。

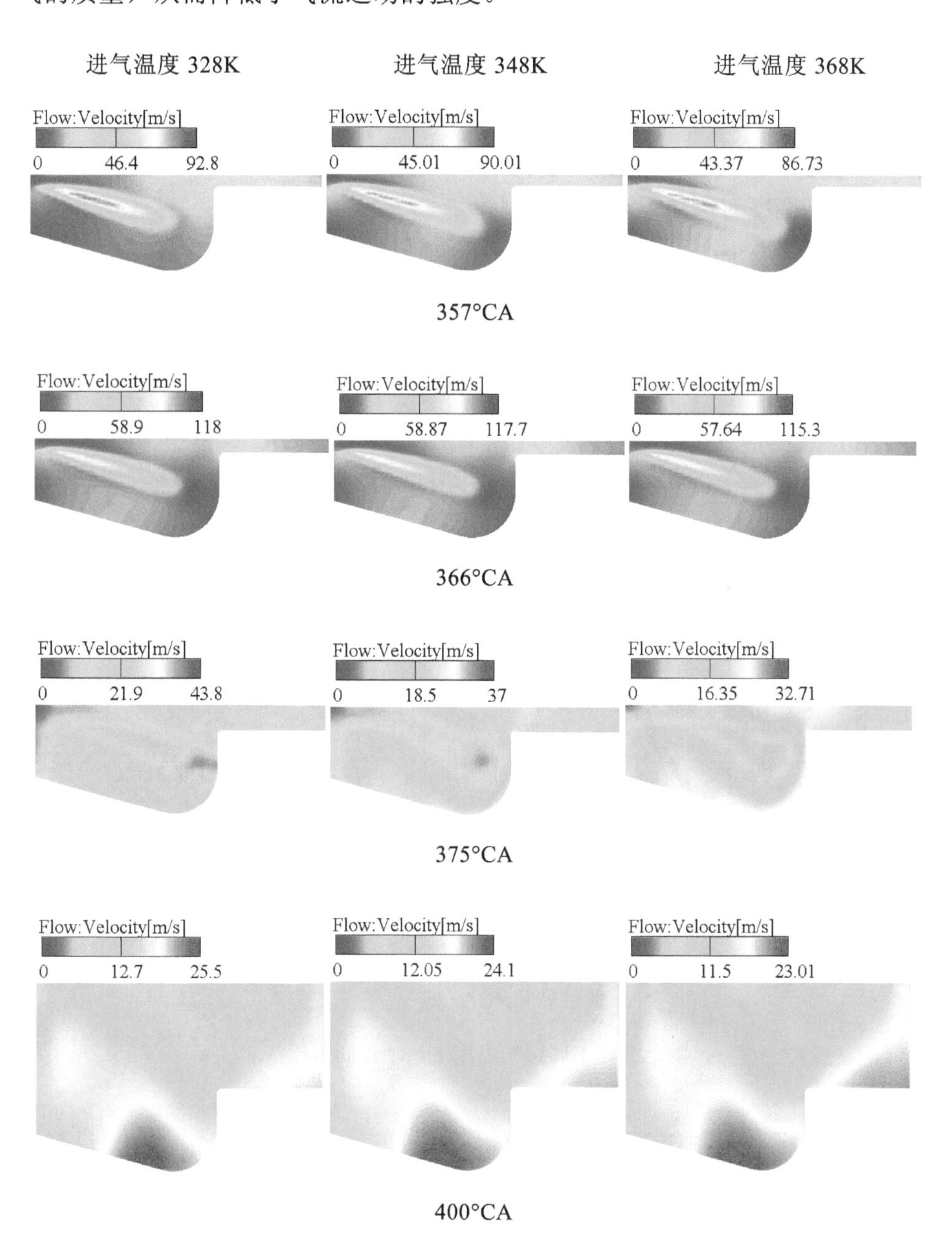

图 12.1 不同温度下湍流速度切片对比图

12.1.2 缸内湍动能分析

在气体流动的模型中，本书选择的是双方程模型即$\kappa-\varepsilon$模型，该模型对湍流的运动则是通过湍动能耗散方程和湍流能量输运方程表达出来的。接下来我们将对不同温度下，燃烧过程中缸内的湍流运动能量及损耗率进行分析，进而了解不同温度对气体运动的影响规律。

图 12.2 为不同进气温度下湍动能的对比图，通过图 12.2 可知，随着进气温度的升高缸内气体的湍动能也呈现上升的趋势，能够清晰地看出当温度为 368 K 的时候湍动能最大，而湍动能的大小和持续时间又受到缸内混合气直接的影响。进气温度越高，分子间内能就会越大，分子间的运动就会加剧，湍动能持续的时间越久、能量越高，在燃烧进行的后期阶段，湍动能越大便会促使燃烧更加充分。

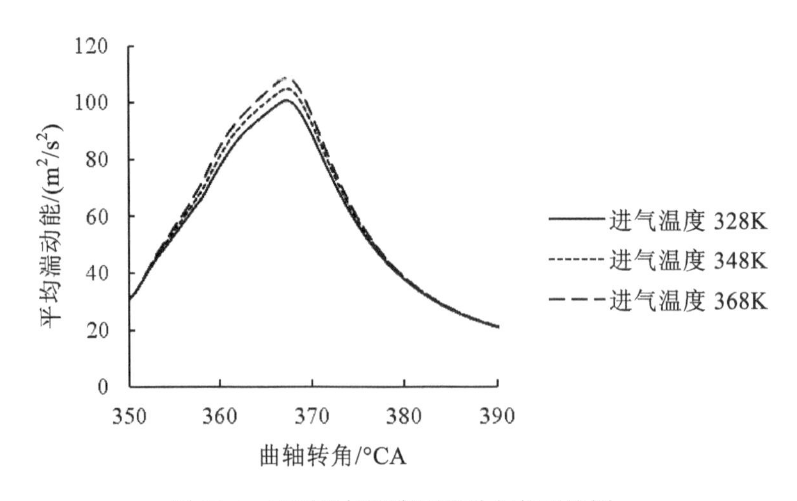

图 12.2　不同进气温度下湍动能的对比图

图 12.3 为不同进气温度下耗散率的对比图，由图 12.3 可知，随着进气温度的升高，缸内湍动能的耗散在大约 367°CA 之前呈现不断增加的趋势，随着缸内活塞不断地下行运动，损耗率也随之减少，且之后损耗率的变化便与温度

高低无关。同时，在损耗率与缸内气体的湍动能之间也存在相互影响的关系，当缸内气体受到高温作用而使分子间内能增大，促进了分子间的相互运动和碰撞的频率，因而使缸内燃烧更加剧烈，损耗程度就会增大。

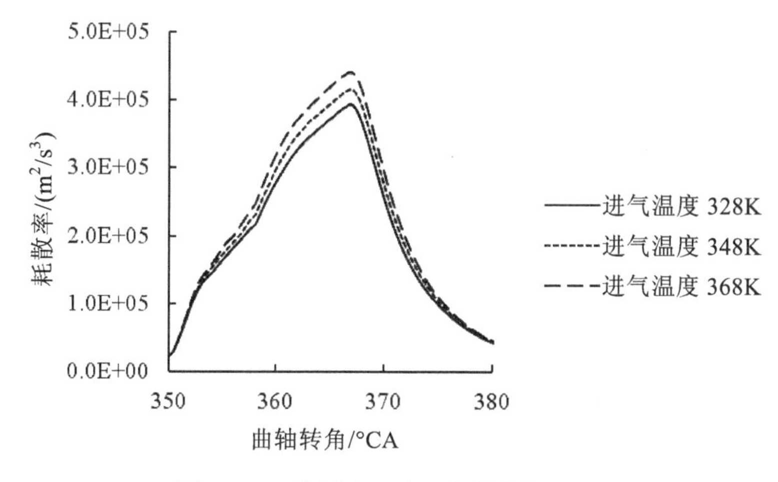

图 12.3 不同进气温度下耗散率的对比

图 12.4 为不同进气温度下湍动能切片的对比图。由图 12.4 可以看出，当确定曲轴转角的角度时，随着进气温度的升高缸内整体湍动能处于上升阶段，且高能区主要集中在油束喷射的位置，也说明处于喷射油束周围的分子运动剧烈，化学反应加快。尤其是在上止点之后的 360°CA 时在切片图中反应得更加明显，由此便刚好与湍动能曲线对比图刚好一致。

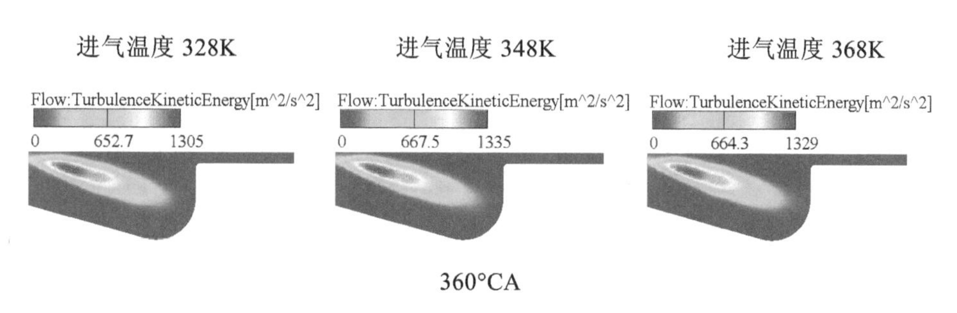

图 12.4 不同温度下湍动能切片对比图

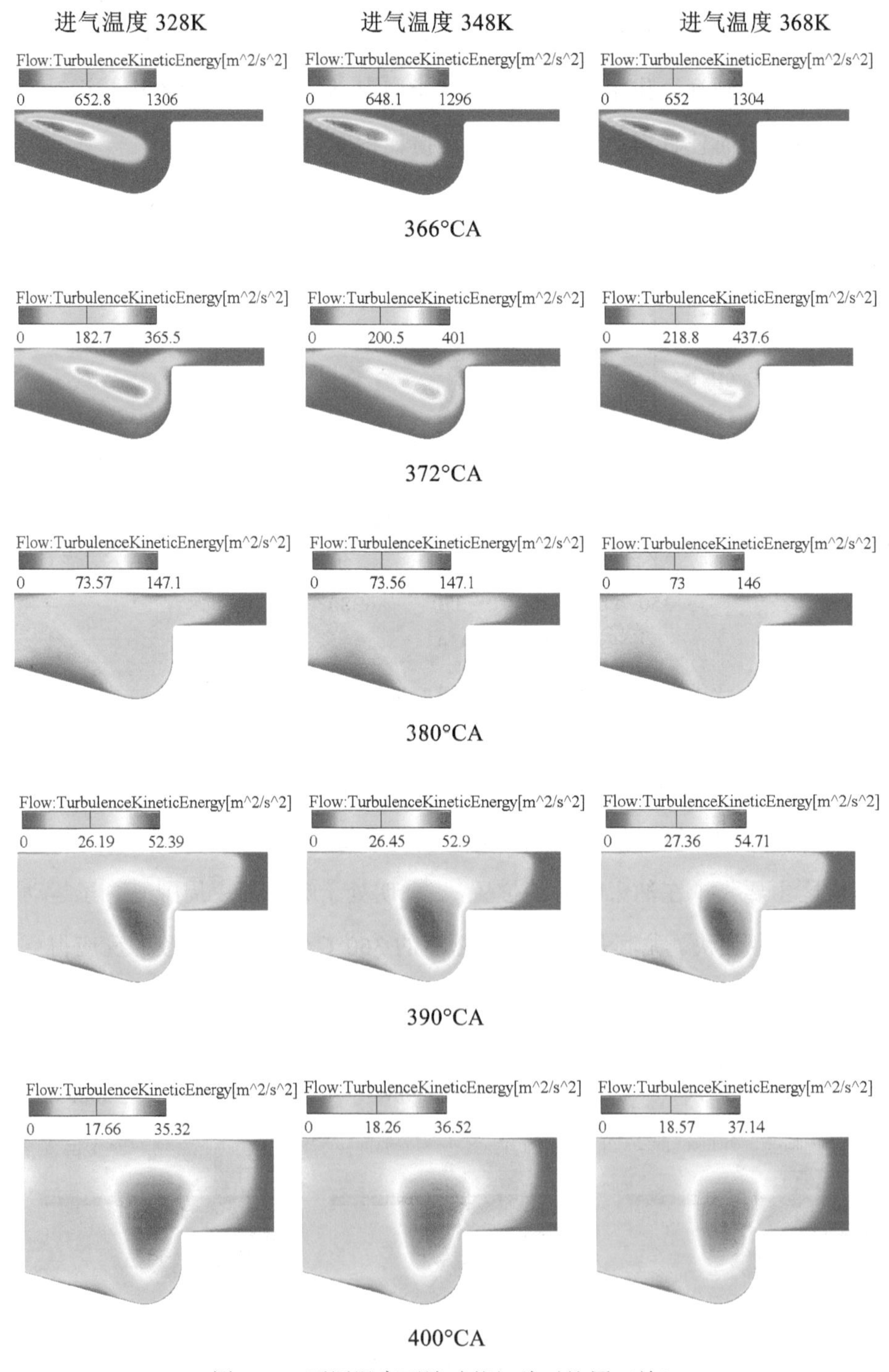

图 12.4 不同温度下湍动能切片对比图（续）

12.2 进气温度对燃烧过程的影响

图 12.5 为不同进气温度的条件下，不同曲轴转角所对应的缸内当量比的变化过程，由图 12.5 可知，增加进气温度，缸内局部当量比也在随之增加。而且温度越高缸内当量比增加得越快，但随着喷油时间的结束缸内当量比也在逐渐趋于某一稳定值。出现这种现象的原因可以理解为：由 $PV = nRT$ 可知，在缸内进气压力固定不变的条件下，增加进气温度的数值，将会减小进气的密度，那么在进气冲程中进入气缸里新鲜气体的质量也将减少，致使实际提供的空气的量小于所需的量，进而促使缸内当量比的增大。

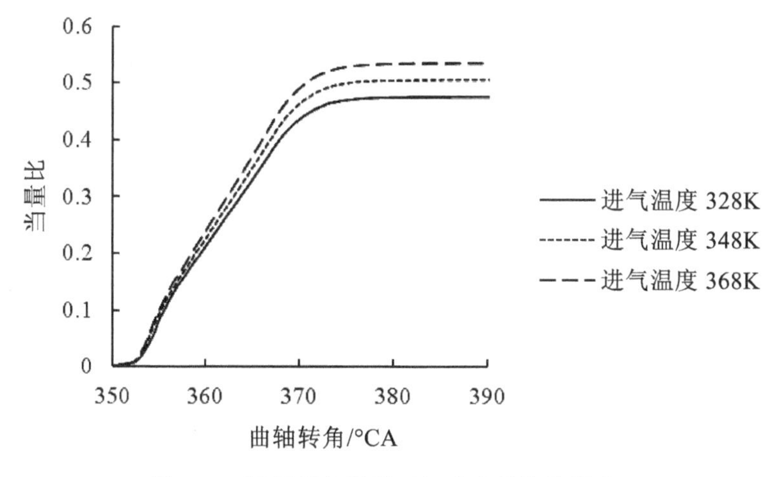

图 12.5 不同进气温度对缸内当量比的影响

图 12.6 为不同进气温度的条件下，不同曲轴转角所对应的缸内压力的变化过程，从图 12.6 可以看出，缸内最高压力值随着进气温度的增加反而呈现降低的趋势。这是因为随着进气温度增大，进入缸内空气量减少，燃油流动速度增大，滞燃期缩短，使得着火延迟期内燃油与空气混合数量少，在急燃期，可燃混合气燃烧持续期缩短，缸内最大压力降低。

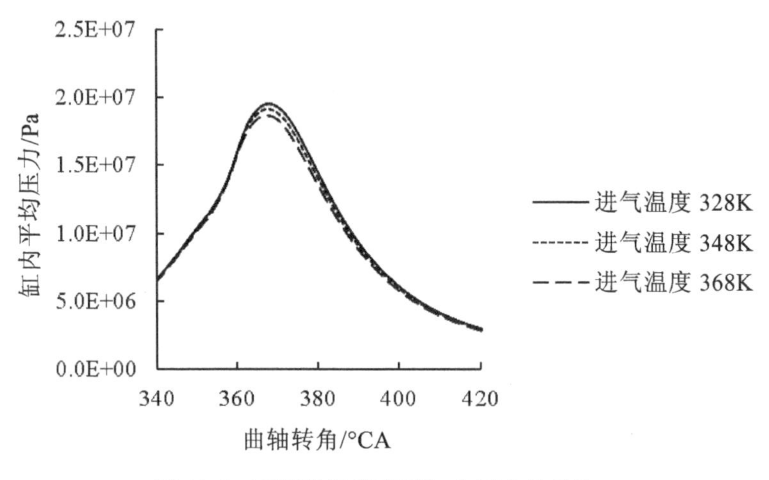

图 12.6 不同进气温度下缸内压力的对比

提升进气温度能够促使缸内气体与燃料间的混合，从而使两者的混合更加充分并且在做功行程终了的时候还能够促进气缸内的温度升高，进而促使缸内的混合气体提早到达混合气能够自发燃烧的温度，从而能够使滞燃期缩短。因此，可以总结为燃烧过程中的滞燃期会因为进气温度的升高而缩短。图 12.7 为不同进气温度的条件下，不同曲轴转角所对应的缸内温度的变化过程，由图 12.7 可以看出，进气温度升高，促使气缸内在燃烧过程中缸内的温度也在升高，而且各温度下提高的趋势也相同。这是因为进气温度升高时促使缸内气体预混合过程更加均匀、充分，从而使缸内最高平均温度有所增加。进气温度升高的同时也增大了缸内初始燃烧温度，进而提高了缸内混合气分子的活化能，加快了燃烧过程的速率，促使燃烧放热时刻提前。增大进气温度，燃烧的始点和燃烧放热均会提前，只是燃烧始点提前较燃烧放热提前较明显，滞燃期也会由于进气温度的增加而相应地有所减小。

图 12.8 为不同进气温度的条件下，不同曲轴转角所对应的缸内温度场的变化过程，由图 12.8 可知，在相同的曲轴转角时，缸内温度场的最高温度值随着进气温度的增大而增大，其变化趋势与缸内温度变化曲线相同。同时不同进气温度下，缸内最高温度出现的区域也一致，均出现在燃烧室的底部和中部区域。

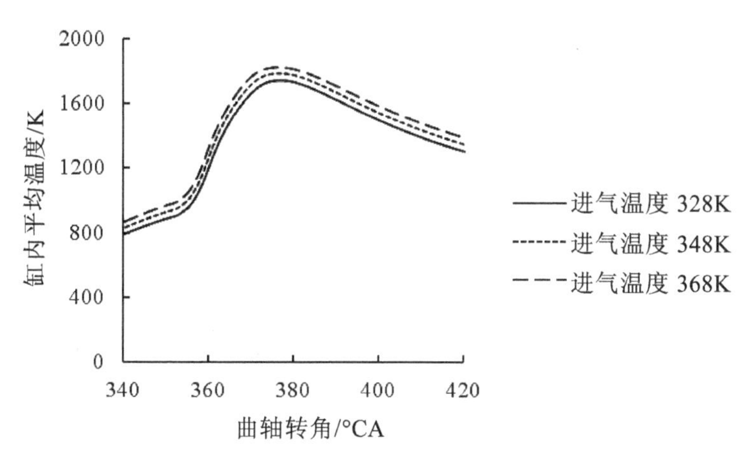

图 12.7 不同进气温度下缸内温度的对比

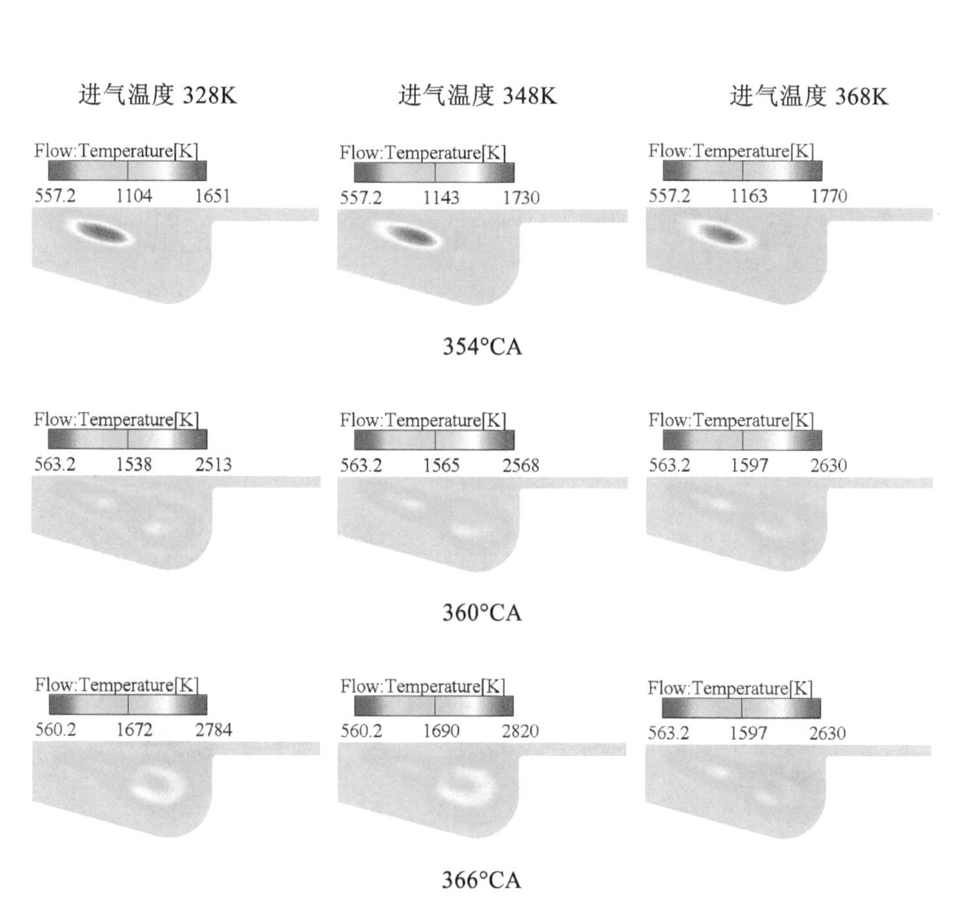

图 12.8 不同进气温度对缸内温度场的影响

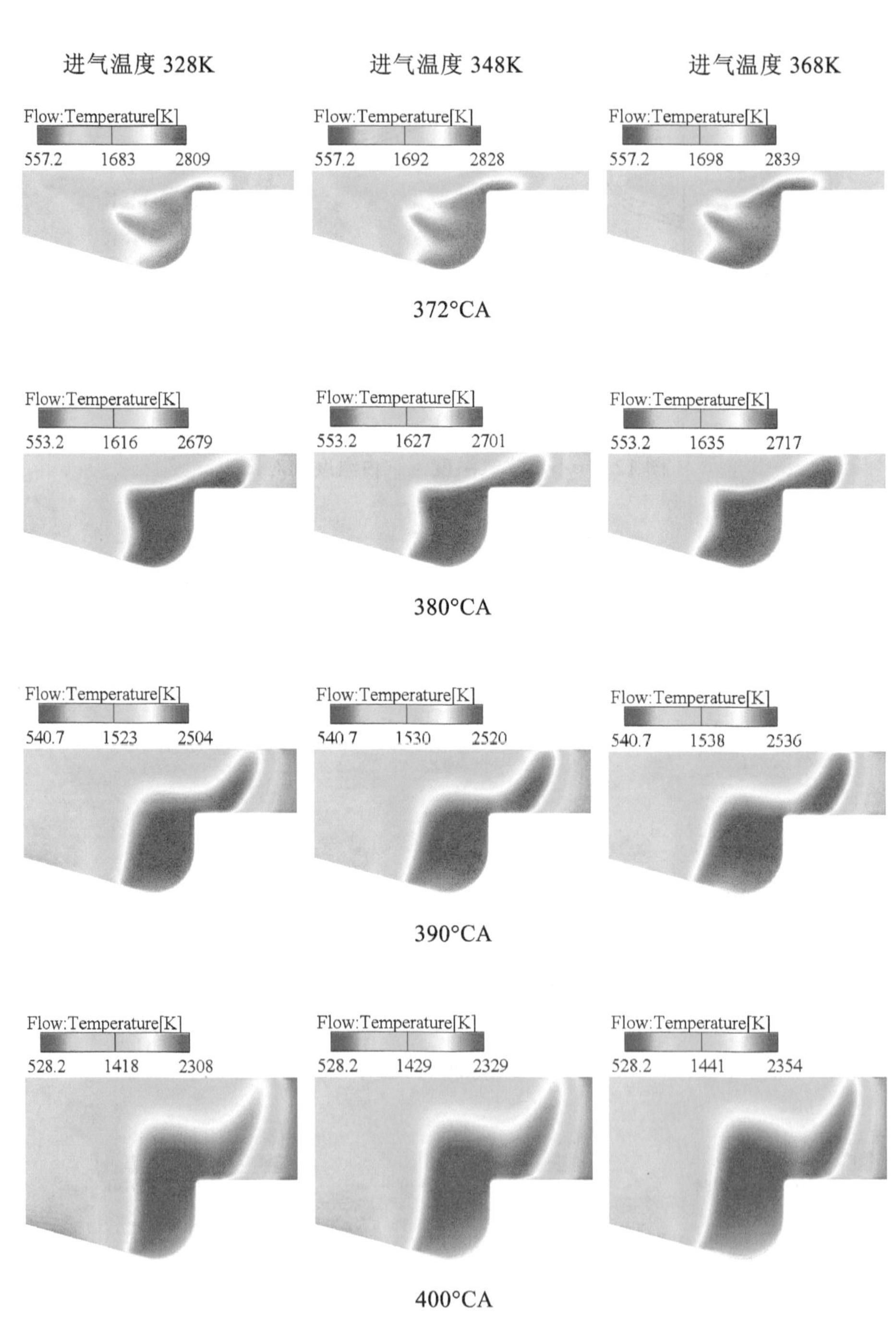

图 12.8 不同进气温度对缸内温度场的影响（续）

12.3 进气温度对排放过程的影响

12.3.1 氮氧化合物排放分析

图 12.9 为不同进气温度下 NO 质量分数的对比，由图 12.9 可以看出，NO 的质量分数随着进气温度的增加呈现出不断增加的态势。而 NO 的生成条件是高温、富氧和在高温富氧条件下所停留的时间。由图可知，当进气温度为 368K 时，NO 质量分数值最高。这是因为，进气温度的提高，最终提高了缸内的燃烧温度，利于 NO 排放的生成。

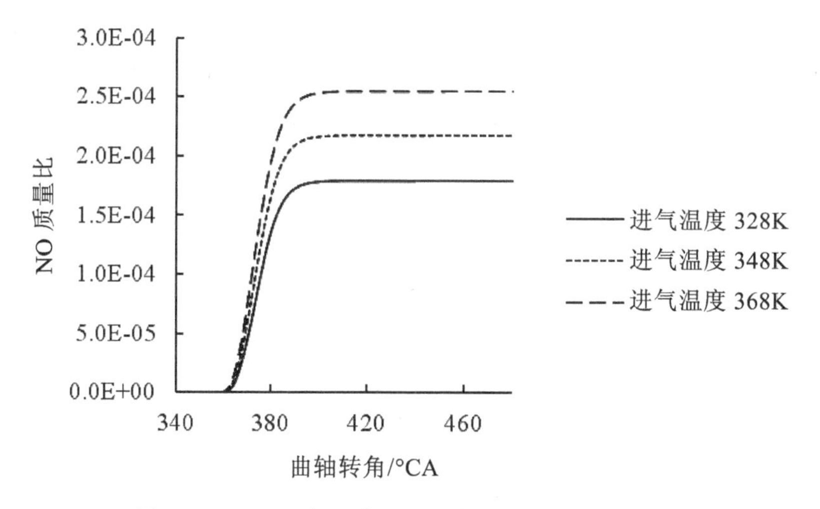

图 12.9　不同进气温度下 NO 含量质量分数的对比

12.3.2 碳烟排放分析

图 12.10 为不同进气温度下碳烟质量分数的对比，由图 12.10 可以看出，碳烟的质量分数会因为进气温度的增加也呈现出增加的势态。而碳烟生成的环境条件为高温缺氧环境，由于进气温度升高，缸内温度升高，滞燃期缩短，柴

油机油气混合不均匀，缸内局部缺氧，生成的碳烟增多。另外进气温度降低，就会使进入缸内的新鲜气体的量得到增加，相应的空燃比就会增大，就会使燃烧过程中无氧裂解量降低，从而减少碳烟的生成。除此之外，随着进气温度的降低，缸内气体的燃烧温度也会随之降低，在最大压力值所对应的累积放热量就会升高，致使后燃现象减弱，同时随着缸内燃烧温度的下降也会使碳烟的生成受到抑制。通过以上的分析可以看出，降低内燃机的进气温度能够有效地减少 NO 和碳烟的排放量。

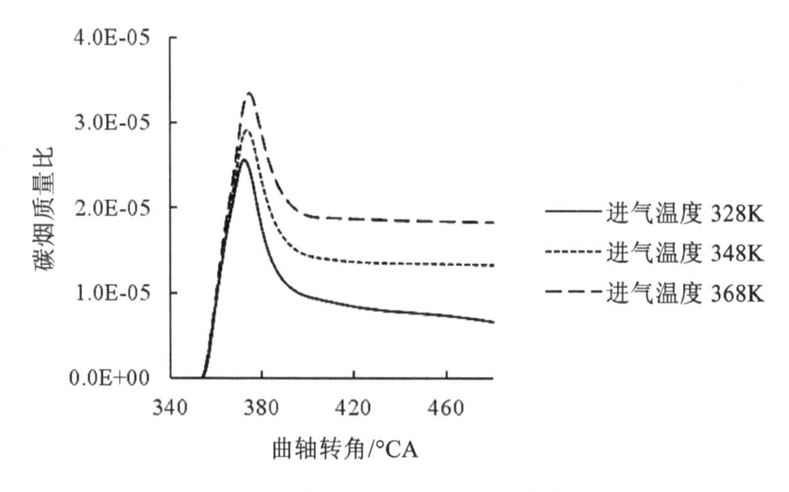

图 12.10 不同进气温度下碳烟质量分数的对比

12.4 本章小结

本章使用 FIRE 软件对进气温度分别为 328K、348K、368K 时柴油机的性能进行了仿真模拟，并且对于模拟结果有选择性地进行了具体分析，分别分析了不同进气温度对柴油机燃烧和排放的影响，并初步得出了一些结论。

（1）随着进气温度的升高，缸内气体的运动速度在降低，从而不利于混合气的形成与燃烧。这是因为进气温度的提高，减少了进入气缸内的空气的质量，从而降低了气流运动的强度。

（2）随着进气温度增大，进入缸内空气量减少，燃油流动速度增大，滞燃期缩短，使得着火延迟期内燃油与空气混合数量少，在急燃期，可燃混合气燃烧持续期缩短，缸内最大压力降低。进气温度升高，促使气缸内在燃烧过程中缸内的温度也在升高，而且各温度下提高的趋势也相同。

（3）进气温度的提高，最终提高了缸内的燃烧温度，利于 NO 排放的生成。碳烟的质量分数会因为进气温度的增加而增加。降低内燃机的进气温度能够有效地减少 NO 和碳烟的排放量。

参考文献

[1] 周龙保．内燃机学[M]．北京：机械工业出版社，2011．

[2] 陈家瑞．汽车构造[M]．北京：人民交通出版社，2007．

[3] 杨振中．氢燃料内燃机燃烧与优化控制方法[M]．北京：科学出版社，2012．

[4] 闫朝亮．柴油机高压共轨系统多次喷射策略的仿真模拟[D]．长春：吉林大学，2008．

[5] 周苗．直喷式柴油机喷油器参数对燃烧和排放影响的数值模拟[D]．大连：大连理工大学，2007．

[6] 周松，肖友洪，朱元清．内燃机排放与污染控制[M]．北京：北京航空航天大学出版社，2010．

[7] 李向荣，魏镕，孙柏刚，等．内燃机燃烧科学与技术[M]．北京：北京航空航天大学出版社，2012．

[8] 解茂昭．内燃机计算燃烧学[M]．大连：大连理工大学出版社，2005．

[9] 陶文铨．数值传热学[M]．西安：西安交通大学出版社，2001．

[10] 史春涛，张宝欢，金则兵，等．湍流模型的发展及其在内燃机 CFD 中的应用[J]．拖拉机与农用运输车，2006，33(1)：5-10．

[11] 刘巽俊．内燃机的排放与控制[M]．北京：机械工业出版社，2005．

[12] AVL List GmbH. AVL Fire User Manual[M]. Graz: AVL LIST GmbH, 2012.

[13] Dukowiez J K. A partiele-fluid numerical model for liquid sprays[J]. Journal of Computational physics, 1980, 35(1): 229-253.

[14] R. W. Bilger. Future progress in turbulent combustion research[J]. Progress in enengy and combustion science, 2000, 35: 367-380.

[15] Gosman A D, Ioannides E. Aspects of computer simulation of liquid-fueled combustors[J]. AIAA, 1981, 81-323.

[16] Naber J D, Reitz R D. Modeling engine spray/wall impingement[C]. SAE paper 880107, 1988.

[17] Amsden A A, Orourke P J, Butler T D. KIVA-2 A computer program for chemically reactive flows with sprays: LA-11560-MS[M]. USA: Los Alamos National Laboratory, 1989.

[18] Alex B Liu, Daniel Mather, Rolf D Reitz. Modeling the effeets of drop drag and breakup on fuel sprays[C]. SAE paper 930072, 1993.

[19] Senda J, Kobayashi M. Modeling of diesel spray impingement on a flatwall[C]. SAE paper 941894, 1994.

[20] Gosman A D, Ioannides E. Aspects of computer simulation of liquid-fueled combustors[J]. Journal of energy, 1983, 7(6): 482-490.

[21] Ruff G A, Sagar A D, Faeth G M. Structure of the near injector region of non-evaporating pressure-atomized sprays[J]. AIAA Journal, 1989, 27(7): 901-908.

[22] Hu Bing. Development of a general diesel combustion model in the context of large eddy[D]. Madison: The University of Wisconsin, 2008.

[23] Magnussen B F, Hjertager B H. On mathematical modeling of turbulent combustion with special emphasis on soot formation and combustion[C]. Proceedings of the 16th Symposium(International) on Combustion, The Combustion Institute, 1976: 719-729.

[24] Kevin Hallstrom, Jefferson M. Schiavon. EURO Ⅳ and Ⅴ Diesel Emission and Control System Review[C]. SAE paper 2007-01-2617.

[25] Timothy V. Johnson. Diesel emission control in review[C]. SAE Paper 2009-01-0121, 2009.

[26] Montajir R M, Tsunemoto H, Ishinati H. A new combustion chamber concept for lowemissions in small DI diesel engines[C]. SAE paper, 2001-01-3263, 2001.

[27] Risi A D, Donateo D, Laforgia D. Optimazation of combustion chamber of direct injection diesel engines[C]. SAE paper, 2003-01-1064.

[28] S.S.SAZHIN, E.M.SAZHINA. The shell autoignition model. a new mathematical formulation[J]. Combustion and Flame, 1999, 117: 529-540.

[29] M. Popovac K, Hanjalic. Compound wall treatment for RANS computation of complex turbulent flows and heat transfer[J]. Flow Turbulence Combust, 2007, 78: 177-202.

[30] K Hanjalic, M Popovac, M Hadziabdic. A robust near-wall elliptic-relaxation eddy-viscosity turbulence model for CFD[J]. International Journal of Heat and Fluid Flow, 2004, 25: 1047-1051.

[31] Yao chunde, Yao guangtao, Song jin’ou, et al. A theoretical study on the realization of QHCCI in a pre-mixed natural gas engine ignited by pilot diesel fuel[J]. Automotive Engineering, 2005, 27(2): 168-171.

[32] Sean Gavin1, Mohamed Abdel-Aziz. Measuring Shear Viscosity Using Correlations[J]. Brazilian Journal of Physics, 2007, 37(3): 1023-1030.

[33] 汤晨旭．直喷式柴油机燃烧系统数值模拟研究[D]．上海：上海工程技术大学，2011．

[34] 鞠红玲．柴油机碳烟颗粒生成规律和尺寸分布特性的研究[D]．武汉：华中科技大学，2011．

[35] Alraham J. What is Adequate Resolution in the Numerical Computations of Transient Jets[C]. SAE paper 970051, 1997.

[36] Magnassen B F, Hjertager B H. On mathematical modeling of turbulent combustion with special emphasis on soot formation and combustion[J]. Symposium(international) on Combustion, 1997, 16(1): 719-729.

[37] S S Girimaji, E Jeong, S V Poroseva. Pressure-strain correlation in homogeneous anisotropic turbulence subject to rapid strain-dominated distortion[J]. PHYSICS OF FLUIDS, 2003, 15(10): 3209-3222.

[38] Cordiner S, Gambino M, Iannaccone S, et al. Numerical and experimental analysis of combustion and exhaust emissions in a dual-fuel diesel/natural gas engine[J]. Energy and Fuels, 2008, 22(3): 1418-1424.

[39] Srinicasan K K, Krishnan S R, Midkiff K C. Improving low load combustion, stability, and emissions in pilot-ignited natural gas engines[J]. Proc inst mech eng: part D journal of automobile engineering, 2006, 220(2): 229-239.

[40] Srinicasan K K, Krishnan S R, Singh S, et al. The advanced injection low pilot ignited natural gas engine: a combustion analysis[J]. ASME Journal of engineering gas turbines power, 2006, 128(1): 213-218.

[41] Kumar B R, Saravanan S. Effects of iso-butanol/diesel and npentanol/diesel blends on performance and emissions of a DI diesel engine under premixed LTC (low temperature combustion) mode[J] . Fuel, 2016, 170: 49-59.

[42] Agarwal D, Singh S K, Agarwall A K. Effects of exhaust gas recirculation (EGR) on performance, deposits and durability of a constant speed compression ignition engine[J]. Apply Energy, 2011, 88(8): 2900-2907.

[43] Yao M, Zheng Z, Liu H. Progress and recent trends in homogeneous charge compression ignition(HCCI) engines[J]. Progress in Energy and Combustion Science, 2009, 35(5): 398-437.

[44] Kokjohn S L, Hanson R M, Splitter D A, et al. Fuel reactivity controlled compression ignition: A pathway to controlled high-efficiency clean combustion [J]. International Journal of Engine Research, 2011, 12(3): 209-226.

[45] Timothy V Johnson. Review of diesel emissions and control[C]. SAE Paper 2010-01-0301, 2010.

[46] Song Peng, Du Baoguo, Long Wuqiang. Atomization and Combustion Characteristics of Diesel Multi-Piece Impinging Spray[J]. Transactions of CSICE, 2011, 29(1): 23-28.

[47] Alam M, Song J, Zello V, et al. Spray and combustion visualization of a direct-injection diesel engine operated with oxygenated fuel blends[J]. International Journal of Engine Research, 2006,7(6): 503-521.

[48] Chiavola O, Gluianelli P. Modeling and Simulation of Common-Rail Systems[C]. SAE Paper 2001-01-3183, 2001.

[49] Song H W, Li S X, Zhang L, et al. Numerical simulation of thermal loading produced by shaped high power laser onto engine parts[J]. Applied thermal engineering, 2010, (30): 553-560.

[50] 秦朝举，原彦鹏，宋立业. 燃烧室形状对柴油机燃烧及排放影响的研究[J]. 中国农机化学报，2013，34（1）：98-101，111.

[51] 朱坚，黄晨，尧命发. 燃烧室几何形状对柴油机燃烧过程影响的数值模拟研究[J]. 内燃机工程，2007，28（2）：14-18.

[52] 陈宇杭，郑百林，武秀根. 燃烧室形状对柴油机压缩冲程影响的数值模拟[J]. 计算机辅助工程，2007，16（3）：79-82.

[53] 白金龙，罗马吉，周繁. 柴油机燃烧室几何形状对缸内气流运动影响的模拟研究[J]. 装备制造技术，2008，（9）：67-68.

[54] 许正伟. 直喷柴油发动机燃烧室形状和喷射规律研究[D]. 成都：西华

大学，2009.

[55] 王欣. 4D24 柴油机燃烧过程的多维数值模拟[D]. 南昌：南昌大学，2013.

[56] 魏春源，张卫正，葛蕴珊. 高等内燃机学[M]. 北京：北京理工大学出版社，2011.

[57] 冯国栋. 4D83 轿车柴油机燃烧系统仿真优化研究[D]. 长春：吉林大学，2014.

[58] 房克信，邓康耀，邬静川. EGR 温度对涡轮增压柴油机燃烧和排放的影响[J]. 农业机械学报，2004，35（6）：40-43.

[59] 贾和坤，刘胜吉，尹必峰，等. EGR 对轻型柴油机缸内燃烧及排放性能影响的可视化[J]. 农业工程学报，2012，28（5）：44-49.

[60] 丁飞. 船用柴油机喷油器参数对燃烧特性影响的研究[D]. 镇江：江苏科技大学，2015.

[61] 朱昌吉，刘忠长，许允，等. 废气再循环对车用柴油机性能与排放的影响[J]. 汽车工程，2004，26（2）：145-148.

[62] 孙万臣，杜家坤，郭亮，等. 压燃式发动机燃用汽油/柴油混合燃料瞬变工况下燃烧及微粒排放特性分析[J]. 内燃机学报，2016，（2）：170-176.

[63] 刘鸿淼，胡君，黄德军，等. 废气再循环对汽油缸内直喷汽油机燃烧和排放的影响 [J]. 科学技术与工程，2017，17（33）：263-267.

[64] 李树生. 高性能大功率天然气发动机燃烧系统开发研究[D]. 济南：山东大学，2013.

[65] 张坤，郭新民，傅寿宇，等. 冷 EGR 温度对车用柴油机排放影响的试验[J]. 农业工程学报，2009，25（10）：127-130.

[66] 徐华平，石岩峰，张旭，等. 某高原增压柴油机喷油提前角优化及性能研究[J]. 内燃机工程，2015，36（6）：118-123.

[67] 刘红彬，骆清国，张杰. 大功率柴油机喷油提前角对缸内燃烧过程的影响[J]. 装甲兵工程学院学报，2012，26（1）：31-34.

[68] 王明远. 喷油器参数对柴油机燃烧特性影响的数值模拟研究[D]. 洛阳：河南科技大学，2010.

[69] 张彬，刘建新. 柴油机高压共轨系统喷油量和喷油规律测量方法概述[J]. 拖拉机与农用运输车，2009，36（2）：6-9.

[70] 孙璐，刘亦夫，曾科. 不同喷油提前角下双燃料发动机的燃烧特性和稳定特性[J]. 西安交通大学学报，2014，48（7）：29-33.

[71] 王谦，罗新浩，吴小勇，等. 柴油机废气再循环冷却器的改进设计[J]. 农业机械学报，2005，36（2）：16-18，34.

[72] 张晶. 喷油系统参数对高强化柴油机燃烧过程影响的多维仿真研究[D]. 北京：北京交通大学，2011.

[73] 王一江，董尧清. 国-IV 中重型电控共轨柴油机 EGR 路线探讨[J]. 内燃机工程，2011，32（2）：6-11.

[74] 韩志玉，周庭波，陈征，等. 基于废气再循环的丁醇/柴油混合燃料的燃烧特性[J]. 燃烧科学与技术，2013，19（1）：37-42.

[75] 王鹏，王德海，居钰生，等. 废气再循环时增压柴油机性能和排放的模拟计算[J]. 江苏大学学报（自然科学版），2002，23（5）：74-77.

[76] 楼狄明，徐宁，谭丕强，等. 废气再循环对燃用生物柴油发动机排放的影响[J]. 同济大学学报（自然科学版），2016，44（2）：291-297.

[77] 林建华，倪计民. 废气再循环系统在车用发动机上的应用研究[J]. 车用发动机，2016，44（2）：29-32.

[78] 赵洋，李铭迪，许广举，等. EGR 废气组分对柴油机颗粒氧化活性的影响[J]. 农业工程学报，2016，32（23）：58-63.

[79] 姚春德，何邦全，李万众. 高速车用柴油机废气再循环系统[J]. 小型内燃机与摩托车，2001，30（2）：29-32.

[80] 潘江如，陈昊，张春化，等. 喷油提前角对生物柴油燃烧和排放的影响[J]. 河北工业大学学报，2010，39（3）：15-18.

[81] 王红红．船用高速柴油机缸内燃烧过程综合研究[D]．哈尔滨：哈尔滨工程大学，2013．

[82] 郑金保，缪雪龙，王先勇，等．柴油机预混合燃烧循环变动特性研究[J]．内燃机工程，2011，32（1）：85-92．

[83] 崔家乐．高功率密度柴油机燃烧过程仿真研究[D]．太原：中北大学，2014．

[84] 张旭．高原条件下某型柴油机燃烧过程研究与分析[D]．镇江：江苏科技大学，2014．

[85] 苏石川，张多鹏，曾纬．基于 CFD 的增压柴油机不同喷油提前角的排放影响分析[J]．内燃机工程，2008，29（1）：38-42．

[86] 韩林沛，刘洪涛，孙博，等．EGR 对车用柴油机性能影响的试验研究[J]．车用发动机，2012，（1）：51-55．

[87] 纪峻岭，朱荣福．基于 AVL BOOST 的某单缸机喷油提前角的优化设计[J]．黑龙江工程学院学报（自然科学版），2012，26（4）：18-22．

[88] 温江舟，彭宇明．喷油提前角对柴油机性能影响的实证研究[J]．机械工程与自动化，2016，2：32-33．

[89] 祖象欢，王银燕，杨传雷，等．增压柴油机 EGR 性能评估研究与实现[J]．系统仿真学报，2017，29（12）：3075-3081．

[90] 张红．基于 FIRE 的 SL1126 柴油机燃烧过程数值模拟研究[D]．西安：长安大学，2012．

[91] 王慧．甲醇-柴油混合燃料燃烧过程数值模拟分析[D]．太原：中北大学，2016．

[92] 吴丽芬．轿车柴油机燃烧过程的仿真研究[D]．长春：吉林大学，2007．

[93] 锁国涛，吕林．汽油/柴油双燃料低温燃烧过程和排放的试验[J]．内燃机学报，2017，35（6）：509-515．

[94] 谭丕强，陆家祥，邓康耀，等．喷油提前角对柴油机排放影响的研究

[J]. 内燃机工程，2004，25（2）：9-11.

[95] 邹强，陆家祥，邓康耀，等. 喷油提前角对非道路移动机械用柴油机性能的影响[J]. 柴油机，2012，34（3）：14-17.

[96] 段加全. EGR 对柴油机燃烧及排放影响的数值模拟[D]. 长春：吉林大学，2008.

[97] 温永美. EGR 率对柴油机燃烧排放性能影响仿真分析[D]. 重庆：重庆交通大学，2012.

[98] 秦朝举，杨振中，张卫正，等. 氢发动机低温燃烧特性的研究[J]. 汽车工程，2017，39（2）：133-137.

[99] 苏强. 喷油正时及 EGR 对柴油机性能影响的 CFD 研究[D]. 成都：西南交通大学，2014.

[100] 张晶，李国岫，袁野. 喷油规律曲线形状对柴油机燃烧过程影响的仿真分析[J]. 兵工学报，2012，33（3）：347-353.

[101] 张磊，杜家益，张登攀. 喷油规律曲线形状对甲醇-柴油双燃料发动机燃烧和排放特性的影响[J]. 中国农机化学报，2016，37（1）：140-144.

[102] 刘红彬，骆清国，司东亚，等. 高压共轨系统结构参数对喷油规律影响的研究[J]. 汽车工程，2014，36（1）：28-31.

[103] 林铁坚，汪洋，苏万华，等. 高压共轨喷油器设计参数对性能影响的研究[J]. 内燃机学报，2001，19（4）：289-294.

[104] 杨洪敏，苏万华，汪洋，等. 高压共轨式喷油器的无量纲几何参数对喷油规律和喷油特性一致性影响的研究[J]. 内燃机学报，2000，18（3）：244-249.

[105] 裴玉成. 喷油规律对柴油机排放性能的影响研究[D]. 哈尔滨：哈尔滨工程大学，2013.

[106] 陈贵升，沈颖刚，郑尊清，等. 采用 EGR 的重型柴油机低速高负荷性能与排放特性[J]. 内燃机学报，2014，32（2）：97-103.

[107] 张振东，方毅博，陈振天．增压直喷式柴油机 EGR 率测试及优化研究[J]．内燃机工程，2006，27（2）：81-84．

[108] 杨帅，李秀元，应启戛，等．EGR 率对柴油机排放特性影响的研究[J]．农业机械学报，2006，37（5）：30-33．

[109] 刘琦，欧阳光耀，杨昆，等．可调靴形喷油规律的燃烧排放性能仿真研究[J]．中南大学学报（自然科学版），2016，47（2）：667-675．

[110] 林学东，李德刚，田维．高压喷射的高速直喷柴油机混合气形成及燃烧过程[J]．吉林大学学报（工学版），2009，39（6）：1146−1151．

[111] 石秀勇．喷油规律对柴油机性能与排放的影响研究[D]．济南：山东大学，2007．

[112] 朱伟胜．预喷和后喷对柴油机燃烧及排放影响的模拟研究[D]．北京：北京交通大学，2009．

[113] 王平，宋希庚，薛冬新，等．预喷射对柴油机燃烧噪声的影响[J]．燃烧科学与技术，2008，14（6）：496-500．

[114] 卫海桥，舒歌群．内燃机缸内压力与燃烧噪声[J]．燃烧科学与技术，2004，10（1）：56-61．

[115] 石秀勇，乔信起，倪计民，等．多次喷射改善柴油机噪声及污染物排放的试验研究 [J]．内燃机工程，2010，31（5）：25-29．

[116] 吴炎庭，袁卫平．内燃机噪声振动与控制[M]．北京：机械工业出版社，2005．

[117] 徐家龙．柴油机电控喷油技术[M]．北京：人民交通出版社，2004．

[118] 董伟，于秀敏，张斌．预喷射对高压共轨柴油机起动特性的影响[J]．内燃机学报，2008，26（4）：313-318．

[119] 范立云，王昊，马修真，等．高压共轨系统预喷射对主喷射循环喷油量的影响研究[J]．内燃机工程，2015，36（4）：90-98．

[120] 杨世铭，陶文铨．传热学[M]．北京：高等教育出版社，2006．

[121] 李小平，姜北平，解方喜，等. 喷射参数对柴油机燃烧与排放特性的影响[J]. 内燃机学报，2012，30（1）：22-28.

[122] 董尧清，顾萌君，纪丽伟，等. 共轨喷油器参数对喷油规律影响的仿真研究[J]. 现代车用动力，2007，（4）：35-39.

[123] 王浒，尧命发，郑尊清，等. 多次喷射对重型柴油机影响的试验研究[J]. 工程热物理学报，2010，31（12）：2128-2132.

[124] 王浒，尧命发，郑尊清，等. 多次喷射与 EGR 耦合控制对柴油机性能和排放影响的试验研究[J]. 内燃机学报，2010，28（1）：26-32.

[125] 李明星，王辉，周道林，等. 后喷射改善轻型商用车柴油机排放的应用[J]. 内燃机学报，2011，（4）：74-77.

[126] 隋菱歌，刘忠长，韩永强，等. 增压柴油机瞬态 EGR 控制策略[J]. 内燃机学报，2013，31（4）：303-308.

[127] 潘锁柱，宋崇林，裴毅强，等. EGR 对 GDI 汽油机燃烧和排放特性的影响[J]. 内燃机学报，2012，30（5）：409-414.

[128] 鹿盈盈，苏万华，于文斌. 多次喷油实现清洁高效柴油预混燃烧的机理[J]. 内燃机学报，2012，30（2）：98-106.

[129] 李永平. 高强化柴油机进气系统对柴油机性能影响的仿真研究[D]. 北京：北京交通大学，2010.

[130] 苏岩，刘忠长，韩永强，等. 进气温度对直喷式柴油机冷起动初始期燃烧和排放的影响[J]. 内燃机工程，2007，28（6）：28-32.

[131] 张波，尧命发，杨冬冬，等. 不同进气温度条件下燃料特性对均质压燃燃烧过程影响的试验研究[J]. 内燃机学报，2008，26（1）：1-10.

[132] 姜峰，潘美俊，张洪涛. 后喷射对电控共轨柴油机排放性能的仿真研究[J]. 广西科技大学学报，2016，27（1）：36-42.